박철수가 만드는 **명품양과자**

Noblesse de Pâtisserie

Petits Gâteaux · Demi-sec · Chocolats · Glaces · Viennoiseries

(주) 비앤씨월드

과자 만들기에 앞서…

1962년 10월 25일, 일본에서 태어나 박가(朴家)라고 하는 한국인의 뿌리를 가지고 일본에서 성장해왔다. 그리고 평생 직업으로 양과자의 길을 선택했다. 양과자업에 입문해 일본에서 기술을 연마했고 내게도 한국인이라는 뿌리가 있듯이 과자도 프랑스라는 본고장이 있기에 그곳에서 본고장의 맛을 배우지 않으면 안된다고 생각했다.

30세가 되던 해에 프랑스로 갈 기회를 맞이했다. 말하자면 양과자의 길을 다시 시작할 수 있는 기회를 얻은 것이다.

나는 우선 벨기에로 건너가 '파티스리 담'에서 연수를 했다. 그 뒤에 프랑스의 '파티스리 게렌젤', '파티스리 칼토른'에서 앙트르메티에(양과자 부문)의 연수를 마쳤다. 프랑스에 있는 동안 곽지원 씨, 최두리 씨, 이성민 씨 등과 알게 되었고 점점 더 같은 한국인으로서 열심히 해야 한다는 다짐을 마음속 깊이 굳히는 계기가 되었다. 특히 곽지원 씨의 생동감 넘치는 활력에 강한 자극을 받았다.

귀국 후 1995년 9월 파티스리 박을 오픈했다. 그 뒤 한국 잡지에 소개되었고 한국에서 한 명의 여성이 가게에서 일하고 싶다는 편지를 보내왔다. 하지만 그 당시 오픈으로 인해 무척 바빴기 때문에 회답을 줄만한 여유가 없었다. 결국 답장을 보내지 못했고 항상 미안하게 생각해왔다. 이 지면을 빌려서 깊이 사과하고 싶다.

지금까지 곽지원 씨의 소개로 연수생을 받는 등 다수의 한국 기술자들이 이곳에서 연수를 했다. 그러던 중 내 자신이 한국인으로서 한국 양과자업계를 위해 무엇인가 할 수 있는 일이 없을까라는 생각을 하게 되었다. 그리고 다행히 월간 빠띠씨에 장상원 사장님의 배려로 내가 지금까지 쏟아왔던 양과자에 대한 열정을 책이라는 형태로 만들 수 있는 계기가 마련되었다.

그리고 이번 책 제작에 있어 김영모 과자점의 김영모 사장님 후원으로 최고의 설비에서 제품을 만들 수 있었고 무엇보다도 김영모 과자점의 뛰어난 직원들의 힘을 빌릴 수 있었던 것을 다시 한번 감사드린다.

동경 타카츠의 '파티스리 박' 전경

　　과자 만들기에 있어 나의 생각을 말하자면 우선 내가 한국인이라는 뿌리를 가진 것과 마찬가지로 양과자에도 본래의 맛이 있다는 것을 중요시 해주었으면 한다. 어디까지나 본고장의 맛이어야지 그것을 모방한 맛이 아닌 것을 말하는 것이다.

　　그리고 기술자로서의 정열을 가져야한다고 생각한다. 기술자에게 있어 과자 만들기란 매출을 먼저 생각하는 금전적인 관계를 떠나서 항상 좋은 과자를 추구하며, 늘 탐구심을 가지고 지금의 자신에 만족하지 않아야만 한다. 또한 창조력을 가져야만 보다 좋은 제품이 나올 수 있다고 믿고 있다. 그것이 기술자라고 생각한다.

　　나는 과자점에 있어서도 직원들에게 또는 자신에 대해 10점 만점의 경우, 항상 10점 이상의 것을 추구하고 있다. 10중에서 8이 된다고 하여도 상품적 가치가 없어지는 것은 아니지만 그 이상을 추구하지 않으면 반드시 그것이 7이 되거나 6이 되어버린다. 그것은 기술자에게 있어 정열이 없어지는 것이나 마찬가지라고 생각한다.

　　그렇기 때문에 과자 기술자로서 내 자신이 완벽하다고는 생각하지 않는다. 이 책에 있어서도 마찬가지이다.

　　하지만 이 책을 잘 활용해서 나 이상의 양과자 기술인이 되기를 마음속으로 기원한다.

Contents

프티 가토 Petits Gâteaux

Contents

Contents

PETITS GÂTEAUX

프티 가토

슈 아 라 크렘 Choux à la crème

크렘 파티시에르(커스터드 크림)를 넣은 슈

슈 아 라 크렘 Choux à la crème

| 80개분 |

A. 파트 아 슈

물	250g
우유	250g
버터	200g
소금	7.5g
설탕	15g
중력분	300g
계란	500g
아몬드 다이스	적당량

B. 크렘 파티시에르

우유	1,000g
버터	50g
박력분	90g
노른자	8개
설탕	250g

C. 크렘 샹티이

생크림(42%)	
슈거 파우더	생크림의 7.8%

A. 파트 아 슈 (슈 반죽)

1. 물, 우유, 버터, 소금, 설탕을 냄비에 넣고 끓인다.*¹

2. 체 친 중력분을 한꺼번에 넣고 섞은 다음 다시 가열하면서 여분의 수분을 증발시킨다.

3. 불에서 내린 반죽을 믹서 볼에 옮겨 담고 비터로 잠시 돌려 온도를 낮춘다.*²

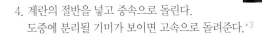

4. 계란의 절반을 넣고 중속으로 돌린다. 도중에 분리될 기미가 보이면 고속으로 돌려준다.*³

5. 나머지 계란은 조금씩 넣어주면서 중속으로 믹싱한다. 가장 적당한 반죽 상태는 주걱으로 떠보았을 때 천천히 떨어지는 정도.

6. 쇼트닝을 얇게 바른 철판 위에 둥근모양 깍지를 이용해서 5.2㎝ 크기로 둥글게 짠다.

7. 표면에 계란 물칠을 하고 아몬드 다이스를 뿌려준 후 냉동시킨다.*⁴

8. 180/200℃ 오븐에서 30~40분간(표면의 균열부분에 색이 날 때까지) 굽는다. 오븐의 공기구멍은 열어둔다.*⁵

Tips

*¹ 우유를 넣는 이유는 진한 색깔과 풍부한 맛의 단단한 슈를 만들기 위해서이다. 따라서 물과 우유의 비율은 원하는 슈의 상태에 따라 조절이 가능하다.

*² 뜨거운 상태에서 바로 계란을 넣게 되면 익어버릴 염려가 있다.

*³ 계란양(500g)은 반죽상태에 따라 다소 차이가 난다.

*⁴ 철판에 짠 반죽을 냉동시키면 구웠을 때 옆으로 퍼지지 않고 위로 잘 부푼다.

*⁵ 오븐 안에 증기가 모이게 되면 슈가 옆으로 퍼지기 쉽기 때문에 공기구멍을 열고 굽는다.

  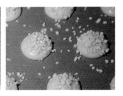

B. 크렘 파티시에르 (커스터드 크림)

※ 빠른 시간에 가능한 크렘 파티시에르 만드는 법

1. 볼에 노른자를 넣고 풀어준 후 설탕을 덩어리가 생기지 않게 잘 섞는다.

2. 1에 박력분을 섞고 우유를 20% 섞는다.*¹

3. 나머지 우유와 버터를 냄비에 넣고 끓인다.

4. 2를 3의 냄비에 천천히 부어주면서 거품기로 잘 저어준다. 이 단계에서 잘 저어주지 않으면 덩어리가 생기게 된다.

5. 거품기로 저어가며 크림을 강한불에서 끓이다가
  크림의 끈기가 없어지는 상태가 되면 불에서 내린다.[*2]

6. 끓인 크림을 밑면이 넓은 볼에 담고 랩을 밀착시켜 씌운 다음
  얼음물에서 재빨리 냉각시킨다.

Tips

[*1] 우유의 20%를 노른자에 넣는 이유는 노른자를 뜨거운 우유에 넣었을 때
  노른자가 익는 것을 방지하기 위해서이다.
  따라서 노른자와 설탕은 거품을 내는 것이 아닌, 섞이는 정도로만 저으면 된다.

[*2] 크렘 파티시에르는 완전히 가열하지 않으면 위생상 위험하다.
  끓이다 보면 어느 순간 끈기가 없어지면서 풀어지는데 이 상태까지 끓여주면
  매끈한 크림이 된다.

C. 크렘 샹티이 (설탕을 넣어 휘핑한 생크림)

1. 생크림과 슈거 파우더를 믹서기에 넣고 휘핑한다.

마무리

1. 구워진 슈는 식기 전에 반으로 잘라 놓는다.

2. 크렘 파티시에르와 그 분량의 10%의 크렘 샹티이를 섞어 슈 안에 짠다.

에클레르 카페 Éclair café

길게 구운 슈 안에 커피 풍미의 크렘 파티시에르를 짜 넣은 프랑스의 대중적인 과자

에클레르 카페 Éclair café

| 80개분 |

A. 파트 아 슈

※ 262페이지 참조

B. 커피 풍미의 크렘 파티시에르

크렘 파티시에르	100g
인스턴트 커피	1g
(냉동건조)	

C. 커피 퐁당

퐁당

30°B 시럽(※ 269페이지 참조)

커피 농축액(트라블리) 적당량

A. 파트 아 슈 (슈 반죽)

1. 슈 반죽을 길게 짜서 표면에 계란 물칠을 하고 포크로 선을 그어 굽는다.

B. 커피 풍미의 크렘 파티시에르 (커피맛 커스터드 크림)

1. 크렘 파티시에르에 인스턴트 커피를 넣어 살짝 섞는다.

2. 커피가 녹을 때까지 놓아 두었다가 고무주걱으로 섞어준다.
   식감을 위해서는 거품기로 절대 섞지 않는다.

C. 퐁당

1. 피부온도 정도로 데운 퐁당에 30°B 시럽을 넣어 되기를 조절한다.

2. 커피 농축액(트라블리)을 섞는다.[*1]

Tips

[*1] 트라블리(Trablit) : 커피 농축액의 브랜드명으로 커피 에센스 대신 사용하기도 한다.

마무리

1. 반으로 자른 슈 안에 커피 풍미의 크렘 파티시에르를 짠다.
2. 커피 농축액을 섞은 퐁당을 윗면에 바른다.
   납작한 모양깍지에 넣어 짜면 편리하다.

파리 브레스트 Paris-brest

1891년 파리와 브레스트간의 자동차 경주를 기념하여 만들어졌다.
자동차 바퀴를 연상케하는 고리 모양의 슈안에 프랄리네 크림과 생크림을 짜 넣은 과자

파리 브레스트 Paris-brest

| 55개분 |

A. 파트 아 슈

※ 262페이지 참조

B. 프랄리네 무슬린 크림

크렘 파티시에르	600g
버터	300g
슈거 파우더	30g
파트 드 누아제트	90g

※ 파트 드 누아제트(무가당)가 없을 경우
크렘 파티시에르 600g
버터 300g
아몬드 · 헤이즐넛 프랄리네(가당) 180g

C. 크렘 샹티이

생크림(42%)	700g
식물성 크림	350g
슈거 파우더	82g

A. 파트 아 슈(슈 반죽)

1. 슈 반죽을 직경 6cm의 별 모양깍지를 사용하여 링 모양으로 짠 다음 아몬드 슬라이스를 올려 굽는다. 식기 전에 반으로 잘라둔다.

B. 프랄리네 무슬린 크림

1. 믹서 볼에 버터, 슈거 파우더, 파트 드 누아제트를 넣고 공기가 충분히 들어가서 하얗게 될 때까지 비터로 휘핑한다.[1]

2. 크렘 파티시에르를 조금씩 넣어주면서 비터로 잘 섞는다.[2]

Tips

[1] 파트 드 누아제트(Pâte de noisette)
무가당 헤이즐넛 페이스트로 여기서는 카카오 바리社 사용.

[2] 기온이 높을 경우 크렘 파티시에르를 넣으면 분리될 수 있다.
이 때는 버너로 볼을 따뜻하게 데워 분리를 막는다.
그러나 지나치게 가열하면 크림이 너무 부드러워지므로 주의한다.
적당한 굳기를 유지하는 것이 포인트.

C. 크렘 샹티이

1. 생크림과 식물성 크림, 슈거 파우더를 믹서기에 넣고 휘핑한다.[1]

Tips

[1] 식물성 크림은 유지방 28%, 식물성 유지 18%, 무지유 고형분 4%의 것을 사용.

마무리

1. 반으로 자른 슈 위에 프랄리네 무슬린 크림을 별 모양깍지를 이용하여 링 모양으로 짠다.

2. 휘핑한 크렘 샹티이를 프랄리네 무슬린 크림 위에 짠다.
먼저 가운데 부분을 채운 다음 두 바퀴 정도 돌려 볼륨감을 준다.

3. 반으로 자른 슈의 윗부분으로 뚜껑을 덮고 슈거 파우더를 뿌려 장식한다.

그랑 카카오 Grand cacao

▌기존의 클래식 쇼콜라에 비해 묵직한 느낌의 과자. 가나슈와 카카오 니브로 촉촉하고 씹히는 맛을 더한다

그랑 카카오 Grand cacao

| 직경 12cm 세르클 20개분 or 직경 15cm 세르클 12개분 |

A. 가나슈

초콜릿(코코아 함량 58%)	850g
생크림(35%)	850g
트리몰린(전화당)	68g
콘스타치	42g

B. 아파레유

크렘 두블	341g
설탕	550g
노른자	330g
박력분	110g
코코아 파우더	275g
생크림(35%)	275g
초콜릿(코코아 함량 64%)	412.5g
흰자	495g
설탕	330g

C. 충전, 토핑용 재료

카카오 니브
(Cacao nib : 카카오빈을 볶아서 롤러로 간 다음
배유만 제거해 놓은 상태)

A. 가나슈

1. 냄비에 생크림, 트리몰린, 콘스타치를 넣고 덩어리가 생기지 않도록
   거품기로 저어주면서 약간 걸쭉해질 때까지 끓인다.

2. 잘게 자른 초콜릿에 1의 끓인 생크림을 섞는다.

3. 어느 정도 식으면 푸드 프로세서에 넣고 유화될 때까지 돌린다.
   전체적으로 분리가 일어나지 않고 매끄럽게 되면 멈춘다.

4. 급속냉동시킨다.*¹

5. 상온에서 짤 수 있는 상태가 되면 8mm 둥근 모양깍지로
   직경 9cm의 나선형으로 짠다. 1개당 40g 정도.*²

6. 냉동시켜 둔다.

Tips

*¹ 천천히 식히면 분리가 일어나므로 급속냉동시킨다.

*² 직경 15cm 세르클의 경우, 가나슈는 직경 12cm, 무게 60g으로 짜준다.

※ 초콜릿은 코코아 함유율이 더 높은 것을 사용하면 분리가 일어나므로
   최대 58% 이내의 것을 사용한다.

B. 아파레유

1. 부드럽게 한 크렘 두블에 설탕(550g), 노른자의 순서로 넣어 섞는다.*¹

2. 함께 체 쳐둔 박력분, 코코아 파우더를 섞는다.

3. 36℃ 정도의 생크림을 섞은 다음 50~55℃로
   녹인 초콜릿을 넣어 섞는다.

4. 흰자와 설탕(330g)으로 머랭을 만든다.
   흰자를 어느정도 하얗게 거품을 낸 후
   한꺼번에 설탕을 넣어 70% 머랭을 만든다.

5. 40~45℃의 아파레유에 머랭을 넣고 거품기로 섞는다.

Petits Gâteaux

Tips

*¹ 크렘 두블(Crème double 더블크림)이란 생크림을 유산발효 후 가열시켜
1/2로 농축시킨 것을 말한다. 유지방분 30% 이상. 사워 크림으로 대체 가능.

※ 아파레유를 만드는 과정에서 온도가 낮아지면
전체적으로 딱딱한 반죽이 되어 구웠을 때 표면이 갈라지게 된다.
따라서 크렘 두블을 부드럽게 풀어주고 생크림과 초콜릿 온도를
각각 체온과 50~55℃까지 올려 섞는 것이 중요하다.

마무리

1. 철판 위에 실패트(silpat)를 깔고 세르클을 놓은 뒤
세르클 옆면에 유산지를 두르고 아파레유를 약간 채운다.

2. 그 위에 잘게 부순 카카오 니브를 적당히 뿌리고,
냉동시켜 둔 가나슈를 올린다.

3. 다시 아파레유를 채우고 표면에 카카오 니브를 뿌린다.

4. 160℃의 오븐에서 50분 정도 굽는다.

5. 세르클과 유산지를 벗기고 표면이 마르지 않게
뚜껑이 있는 용기에 넣어 식힌다.

6. 완전히 식으면 냉동고에 넣어 보관한다.

쇼트 케이크 Short cake

■ 촉촉한 제누아즈의 맛이 돋보이는 딸기 생크림 케이크

쇼트 케이크 Short cake

| 직경 18cm 원형틀 12개분 |

A. 제누아즈

계란	2,000g
설탕	1,120g
물엿	280g
박력분	1,400g
버터	200g

B. 시럽

30°B 시럽	400g
물	100g
그랑 마르니에	50g

C. 크렘 샹티이

생크림(42%) : 식물성 크림 = 2 : 1

슈거 파우더   전체 크림의 7.8%

D. 샌드, 장식용 재료

딸기(여기서는 골드 키위, 프랑부아즈를 사용)

A. 제누아즈

1. 믹서 볼에 계란을 넣어 잘 풀어준 후 설탕, 물엿을 넣고 거품기로 저으면서 50℃까지 데운다.

2. 고속으로 믹싱해 완전히 휘핑한 다음 중속에서 1분 정도 믹싱한다.*1

3. 반죽을 약간 덜어 50℃까지 데운 버터와 섞는다.

4. 박력분을 나머지 반죽에 조금씩 넣으면서 손으로 잘 섞는다. 반죽을 떠보았을 때 떨어지는 모양이 리본상태가 되면 그만 섞는다.*2

5. 녹인 버터를 가볍게 섞어준다.

6. 준비된 틀에 채우고 150℃에서 35분간 굽는다.

7. 어느 정도 식으면 뚜껑이 있는 용기에 넣어 완전히 식힌 다음 냉동 혹은 냉장보관한다.*3

Tips

*1 1분 정도 중속으로 믹싱하는 이유는 반죽 안의 큰 기포를 촘촘하게 만들기 위해서이다. 그러나 지나치게 믹싱하면 박력분이 잘 섞이지 않는 원인이 된다.

*2 반죽을 많이 섞어도 풀어져 버리지만 너무 섞지 않아도 촉촉한 제누아즈를 얻을 수 없다.

*3 구운 다음 실온에 그냥 방치하면 수분이 증발해서 퍼석퍼석한 제누아즈가 된다.

B. 시럽

1. 30°B 시럽과 물을 섞은 다음 그랑 마르니에를 넣는다.

C. 크렘 샹티이

1. 생크림과 식물성 크림, 슈거 파우더를 믹서기에 넣고 휘핑한다.

마무리

1. 제누아즈를 반으로 잘라 시럽을 바른다.

2. 두 장의 제누아즈 안에 크렘 샹티이와 반으로 자른 딸기를 샌드한다.

3. 전체를 크렘 샹티이로 아이싱한 다음 과일로 장식한다.

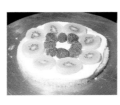

타르틀레트 시트론 Tartelette citron

■ 레몬크림이 가득한 상큼한 타르틀레트

타르틀레트 시트론 Tartelette citron

| 직경 8cm, 높이 2cm 원형 세르클 62개분 |

A. 파트 사블레

버터	1,500g
슈거 파우더	500g
계란	300g
박력분	1,000g
아몬드 파우더	300g

B. 비스퀴 퀴이예르

※ 263페이지 참조

C. 크렘 시트론

계란	120g
노른자	400g
슈거 파우더	500g
레몬즙	10개분
레몬 제스트 (레몬 껍질 간 것)	4개분
버터	500g

D. 시트론 시럽

30°B 시럽	400g
물	100g
레몬즙	50g

A. 파트 사블레

1. 믹서 볼에 버터, 설탕을 넣고 비터로 섞어 부드럽게 만든다.

2. 계란을 조금씩 나누어 넣으면서 비터로 계속 휘핑한다.

3. 함께 체 친 중력분, 아몬드 파우더를 넣어 섞는다.

B. 비스퀴 퀴이예르

1. 5×5cm 크기로 잘라둔다.

C. 크렘 시트론(레몬크림)

1. 계란과 노른자를 잘 풀어준 다음 슈거 파우더를 넣고
   덩어리가 생기지 않게 섞는다.*¹

2. 냄비에 레몬즙과 레몬 제스트를 넣고 끓인다.

3. 2를 1에 넣으면서 섞은 다음 다시 냄비에 넣고 거품기로 저어주면서
   크림을 끓인다.

4. 크림에 끈기가 없어지면 불을 끈다.

5. 깍둑썰기로 잘라 놓은 버터를 넣어 녹인 다음
   바 믹서(bar mixer)로 크림을 매끄럽게 한다.

Tips

*¹ 계란의 비린내를 없애기 위해 계란은 가능한 한 냉동제품을 사용한다.

D. 시트론 시럽

1. 모든 재료를 잘 섞는다.

마무리

1. 파트 사블레를 두께 2mm 밀어 틀에 깐다. 그 위에 얇은 종이를 깐 다음
   쌀이나 팥 등을 채우고 180℃ 오븐에서 굽는다.

2. 파트 사블레가 완전히 식으면 크렘 시트론을 조금 짠 다음
   시트론 시럽을 적신 5×5cm로 자른 비스퀴 퀴이예르를 넣는다.

3. 크렘 시트론을 윗면까지 채운다.

4. 표면에 나파주를 바른다.

크렘 브륄레 Crème brûlée

크림 표면을 설탕으로 캐러멜화시키고 생크림을 듬뿍 넣어 만든 과자. 디저트용으로 인기

크렘 브륄레 Crème brûlée

| 코콧틀 60개분 |

크렘 브륄레

우유	850g
생크림(42%)	1,150g
생크림(47%)	1,000g
바닐라빈	2개
노른자	720g
설탕	420g

※ **코콧틀**

하얀 사기로 된 작은 용기

1. 냄비에 우유, 생크림, 바닐라빈을 넣고 끓인다.

2. 다른 볼에 노른자를 풀고 설탕을 섞는다.

3. 1을 2에 넣어 섞은 후 체에 거른다.

4. 코콧틀에 넣고 160/160℃ 오븐에서 중탕으로 약 30분 정도 굽는다.
   흔들어 보았을 때 표면이 조금 흔들리는 정도가 적당하다.

5. 오븐에서 꺼내 잠시 식힌 후 냉동시킨다.[*1]

6. 물을 조금 부어 전체적으로 표면을 적신 다음 따라낸다.

7. 8g의 설탕(분량 외)을 뿌리고 버너로 표면을 캐러멜화시킨다.
   이때 물기와 섞인 캐러멜이 완전히 굳기 전에 틀을 돌려가며 캐러멜색이
   고루 퍼지게 한다. 이렇게 하면 저녁무렵까지 바삭한 캐러멜 상태를 유지
   할 수 있다.[*2]

Tips

[*1] 한번에 만들어 냉동시켜 두었다가 필요한 양만큼 꺼내쓰면 편리하다.

[*2] 냉동에서 바로 꺼낸 코콧틀은 버너의 뜨거운 열로 깨질 염려가 있다.
조금 해동된 뒤에 캐러멜화시키는 것이 안전하다.

샤를로트 오 푸아르
Charlotte aux poires

▌ 폭신한 비스퀴 퀴이예르 안에 양배 바바루아를 넣은 과자

샤를로트 오 푸아르 Charlotte aux poires

| 8×57.5cm, 높이 6.5cm 뷔슈 드 노엘 틀 12개분 |

A. 비스퀴 퀴이예르

※ 263페이지 참조

B. 바바루아

우유	3,395g
노른자	34개분
설탕	885g
바닐라빈	2.5개
젤라틴	132g
생크림(35%)	2,123g
윌리엄 푸아르	115g
(William poire, 서양배 리큐르)	
서양배 통조림	8개
(825g, 고형분 460g)	

A. 비스퀴 퀴이예르

1. 모양깍지로 짜서 구운 것을 사용. 각각 너비 14cm, 4cm, 5cm로 잘라둔다.

B. 바바루아

1. 볼에 노른자, 설탕을 넣어 섞은 후 우유를 20% 섞는다.*¹

2. 냄비에 나머지 우유와 바닐라빈을 넣고 끓인다.*²

3. 1을 끓인 우유에 조금씩 부으면서 거품기로 섞는다.

4. 다시 강한 불에서 거품기로 섞어주면서 84℃까지 온도를 올려주고
   불에서 내린 후 바닐라빈의 깍지를 건져낸다.
   온도는 가능하면 온도계를 사용해 측정한다.*³

5. 물에 불려놓은 젤라틴을 넣어 녹인 후 얼음물에서 식힌다.

6. 어느 정도 식으면 윌리엄 푸아르를 넣고 다시 식힌다.

7. 1cm 크기로 자른 양배를 단단하게 휘핑한 생크림과 섞은 후
   약간 걸쭉하게 끈기가 생긴 6에 넣어 섞는다.

Tips

*¹ 20%의 우유를 노른자에 미리 섞는 것은 끓인 우유에 노른자를 바로 넣었을 때
   노른자가 뜨거운 열에 의해 익는 것을 방지하기 위해서이다.
   따라서 노른자와 설탕을 거품이 나는 단계까지 섞을 필요는 없다.

*² 바닐라빈은 반으로 갈라 훑은 씨와 겉 깍지를 함께 냄비에 넣어 끓인다.

*³ 84℃까지 온도를 올려주는 이유는 계란을 살균하기 위해서이다. 계란에는
   살모넬라균이 있는데 계란은 익지 않으면서 살모넬라균이 죽는 온도가 82~84℃이다.

마무리

1. 너비 14cm로 자른 비스퀴 퀴이예르를 구운 면이 아래로 가게 한 다음
   뷔슈 드 노엘 틀에 깐다.
   틀에 깔기 전에 비스퀴 표면에 슈거 파우더를 조금 뿌려주면
   틀에 표면이 달라붙지 않고 나중에 틀과 쉽게 분리시킬 수 있다.

2. 그 위에 바바루아를 1/2 정도 채우고 너비 4cm로 자른 비스퀴 퀴이예르를
   올린다.

3. 다시 바바루아를 틀 가득 채운 다음
   너비 5.5cm로 자른 비스퀴 퀴이예르로 덮어
   급속냉동시킨다.

4. 완전히 굳으면 적당한 크기로 자른다.

샴파뉴 Champagne

각종 과일을 넣은 샴페인 무스를 부드러운 비스퀴로 샌드한 과자

샴파뉴 Champagne

| 36×57cm, 높이 4.5cm 카트르 2개분 |

A. 비스퀴 퀴이예르

※263페이지 참조

B. 무스 샴파뉴

노른자	680g
계란	4개
설탕	860g
젤라틴	108g
샴페인	1,280g
생크림(35%)	2,000g
그리오트(**Griotte**, 비터 체리)	400g
서양배 통조림(825g, 고형분 460g)	2통
복숭아 통조림(825g, 고형분 460g)	2통

A. 비스퀴 퀴이예르

1. 비스퀴 퀴이예르는 얇게 펴서 구운 것 2장, 모양깍지로 짜서 구운 것 2장이 필요하다.

B. 무스 샴파뉴(샴페인 무스)

1. 계란과 노른자를 풀어 약간 거품을 낸다.

2. 설탕과 설탕의 1/3분량인 물을 넣고 121℃까지 시럽을 끓인다.

3. 끓인 시럽을 1의 노른자에 천천히 부으면서 믹서로 휘핑한다.

4. 체온 정도로 식을 때까지 계속 고속으로 휘핑하면서 완전히 휘핑된 파트 아 봉브를 만든다.

5. 찬물에 불려 녹인 젤라틴을 4에 섞는다.

6. 샴페인을 넣어 섞은 다음 휘핑한 생크림을 섞는다.*¹

7. 시럽을 빼고 깍둑썰기한 과일을 섞는다.*²

Tips

*¹ 샴페인을 생크림보다 먼저 넣는 것에 주의할 것. 샴페인은 수분이 많으므로 생크림보다 나중에 넣게 되면 분리될 수 있다. 또한 샴페인이 너무 따뜻하면 거품이 많이 생기고 너무 차면 무스가 금방 굳어버린다. 샴페인이 찰 경우에는 따뜻한 파트 아 봉브를 섞기도 한다.

*² 과일은 샴페인에 어울리는 다른 과일을 사용해도 된다.

마무리

1. 철판에 카트르를 놓고 펴서 구운 비스퀴 퀴이예르를 깐다.

2. 무스 샴파뉴를 넣어 평평하게 한다.

3. 모양깍지로 짜서 구운 비스퀴 퀴이예르를 덮어 급속냉동시킨다.

4. 무스가 완전히 굳으면 카트르를 벗겨내고 표면에 슈거 파우더를 뿌린다.

자마이카 Jamaica

▌ 자마이카(럼의 산지)를 연상케하는 럼 레이즌이 듬뿍 든 가나슈로 샌드한 초콜릿 케이크

자마이카 Jamaica

| 8×57.5㎝, 높이 6.5㎝ 뷔슈 드 노엘틀 10개분 |

A. 비스퀴

T.P.T	1,700g
(탕 푸르 탕, 아몬드 파우더와 슈거 파우더를 1:1로 섞은 것)	
슈거 파우더	600g
중력분	500g
코코아 파우더	500g
노른자	600g
계란	1,000g
흰자	1,500g
설탕	600g
녹인 버터	500g

B. 가나슈

우유	1,220g
생크림(35%)	245g
버터	490g
초콜릿(코코아 함량 55%)	1,950g

C. 앵비베용 시럽

코코아 파우더	23g
물	550g
30°B 시럽	1,830g

D. 글라사주 쇼콜라

물	1,160g
설탕	1,440g
코코아 파우더	480g
생크림(35%)	960g
젤라틴	100g

E. 샌드, 장식용 재료

럼 레이즌	1,200g
(럼에 담가둔 레이즌, 샌드용)	
아몬드 다이스(장식용)	적당량

A. 비스퀴

1. 믹서 볼에 T.P.T, 슈거 파우더, 중력분, 코코아 파우더, 노른자, 계란을 넣고 비터로 3~4분간 섞는다. 계란은 실온의 것을 사용한다.

2. 흰자와 설탕으로 머랭을 만든다.
   우선 흰자를 볼에 넣고 80%까지 거품을 낸다.
   그 다음 설탕을 한꺼번에 넣고 고속으로 돌려 단단한 머랭을 만든다.

3. 단단한 반죽이므로 먼저 머랭을 조금 덜어 1의 반죽에 섞어
   부드럽게 만든 다음 나머지 머랭을 넣으면서 섞는다.

4. 50~55℃로 데운 버터를 넣고 가볍게 섞는다.

5. 뷔슈 드 노엘 틀에 종이를 깔고 반죽을 채운 다음
   150/160℃ 오븐에서 1시간 굽는다.

 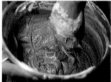 

B. 가나슈

1. 냄비에 우유, 생크림, 버터를 넣고 끓인다.

2. 잘게 썬 초콜릿에 1을 부어 거품기로 저으면서 매끄럽게 될 때까지
   섞는다. 이 때 공기가 많이 들어가면 나중에 단단해지므로 주의한다.

3. 완성된 가나슈를 식힌다.
   (공기가 들어가지 않도록 섞지 말고 그대로 식힌다.)

C. 앵비베용 시럽

1. 코코아 파우더에 물을 넣고 덩어리가 생기지 않도록 주의하면서
   거품기로 섞는다.

2. 30°B 시럽을 섞는다.

※ 앵비베(Imbiber) : 과자에 액체를 적시는 일

D. 글라사주 쇼콜라

1. 냄비에 물, 설탕, 코코아 파우더, 생크림을 넣고 강한 불에서 끓인다.
   당도 64% brix가 될 때까지 바닥에 눌지 않도록 계속 거품기로 저으면서
   가열한다.

2. 물에 불린 젤라틴을 넣어 녹인다.

E. 샌드, 장식용 재료

1. 럼 레이즌은 럼에 한달 이상 담가둔 것을 사용한다.
   아몬드 다이스는 로스트 해둔다.

마무리

1. 비스퀴를 3단으로 슬라이스한다.

2. 가장 아랫단에 시럽 80g, 가나슈 120g을 바르고 럼 레이즌 60g을 올린다.
   (※여기서는 럼 레이즌을 사용안함) 그 위에 중간단을 겹치고 같은 요령으
   로 시럽, 가나슈를 바른 다음 럼 레이즌을 올린다.

3. 가장 윗단 비스퀴에는 시럽을 40g씩 나누어 양면에 발라준다.

4. 나머지 가나슈를 표면 전체에 바르고 필름으로 매끈하게 정리한 다음
   글라사주 쇼콜라를 씌운다.

5. 적당한 크기로 자르고 양끝에 로스트한 아몬드 다이스를 살짝 묻혀준다.

가토 부르고뉴 Gâteau Bourgogne

▌카시스의 산지인 부르고뉴 지방의 이름을 따서 지었다. 카시스 무스와 바닐라 바바루아가 조화를 이룬 과자

가토 부르고뉴 Gâteau Bourgogne

| 타원형 세르클 120개분 |

A. 비스퀴 퀴이에르 쇼콜라

※263페이지 참조

B. 비스퀴 바주

노른자	227g
계란	227g
슈거 파우더	316g
아몬드 파우더	316g
중력분	108g
흰자	625g
설탕	143g

C. 무스 바니유

우유	1,175g
바닐라빈	1개
노른자	360g
설탕	215g
젤라틴	45g
이탈리안 머랭	355g
생크림(35%)	1,070g
몬레니온 바닐라	5g

(Mon reunion vanille 천연 바닐라 농축액, 프랑스 J 사시르社)

D. 무스 카시스

카시스 퓌레	554g
젤라틴	39g
이탈리안 머랭	621g
(흰자 207g, 설탕 414g)	
생크림(35%)	833g

A. 비스퀴 퀴이에르 쇼콜라

1. 2.5×4cm 크기로 잘라둔다.

B. 비스퀴 바주

1. 함께 채 친 슈거 파우더, 아몬드 파우더, 중력분에 노른자와 계란을 조금씩 넣으면서 휘핑한다.
2. 흰자와 설탕으로 머랭을 만든다.
3. 반죽에 끈기가 생기면서 적당히 휘핑되면 머랭을 섞는다.
4. 철판 1장당 620g의 반죽을 부어 평평하게 펴고 카드로 모양을 낸다.
5. 260/240℃ 오븐에서 5~6분 정도 구운 다음 버너로 표면을 살짝 태워준다.

 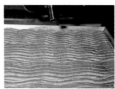

C. 무스 바니유(바닐라 무스)

1. 볼에 노른자, 설탕을 넣고 섞은 후 20%의 우유를 섞는다.
2. 냄비에 우유와 바닐라빈을 넣고 끓인다.
3. 1의 노른자를 거품기로 잘 섞으면서 2에 조금씩 넣어준다.
4. 다시 강한 불에서 거품기로 섞으면서 84℃까지 올려 앙글레즈를 만든다.
5. 찬물에 불려놓은 젤라틴을 넣어 녹인 후 얼음물에 식힌다.
6. 휘핑한 생크림에 이탈리안 머랭을 넣고 거품기로 섞는다.
7. 앙글레즈가 약간 걸쭉하게 되면 6에 넣고 거품기로 섞는다.

※ 몬레니온 바닐라는 식혀 놓은 앙글레즈에 섞거나 생크림에 넣어 같이 휘핑한다.

D. 무스 카시스(블랙 커런트 무스)

1. 찬물에 불린 젤라틴을 건져 물기를 없애고 볼에 넣어 가열한다.
2. 차가운 카시스 퓌레를 녹인 젤라틴에 조금씩 넣어주면서 거품기로 섞어준다. 퓌레를 넣는 도중 굳기 시작하면 열을 가해 녹여준다.
3. 휘핑한 생크림에 이탈리안 머랭을 넣어 거품기로 섞는다.
4. 2의 퓌레가 걸쭉하게 굳기 시작하면 3에 넣어 거품기로 섞는다.[1]

E. 충전용 재료

카시스(블랙 커런트)

F. 나파주

카시스 퓌레	600g
물엿	80g
설탕	120g
펙틴	16g

Tips

*¹ 과일을 이용한 무스의 경우, 젤라틴을 섞은 퓌레가 걸쭉하게 된 다음 생크림,
이탈리안 머랭과 섞어야한다. 특히 산이 강한 과일의 경우 젤라틴의 응고력이
떨어지므로 퓌레를 걸쭉하게 만들어 주는 것이 매우 중요하다.

 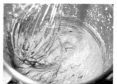

F. 나파주

1. 냄비에 카시스 퓌레와 물엿을 넣고 피부온도까지 데운다.

2. 같이 섞어 둔 설탕과 펙틴을 1에 넣고 거품기로 저어가면서 끓인다.

3. 끓으면 불에서 내린다.

마무리 (거꾸로 뒤집어 만드는 방법)

1. 철판 위에 OPP필름을 깐다.

2. 타원형 세르클 옆면에 무스용 필름과 2.8cm 너비로 자른 비스퀴 바주를
   두른 다음 세르클을 뒤집어 1의 철판위에 놓는다.

3. 먼저 무스 바니유를 세르클의 1/2 가량 짠다.

4. 2.5×4cm로 자른 비스퀴 퀴이예르 쇼콜라를 넣고 무스 카시스를 짠다.

5. 냉동 카시스를 3~4개 정도 넣고 다시 카시스 무스를 살짝 짠 후
   2.5×4cm로 자른 비스퀴 퀴이예르 쇼콜라를 덮어 급속냉동시킨다.

6. 무스가 굳으면 표면에 나파주를 바르고 세르클을 벗겨낸다.

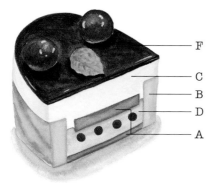

타르트 쇼콜라 Tarte chocolat

가나슈와 프랑부아즈가 잘 어울리는 본격적인 초콜릿 타르트

타르트 쇼콜라 Tarte chocolat

| 직경 8cm, 높이 2cm 원형 세르클 76개분 |

A. 파트 쇼콜라

버터	500g
설탕	400g
소금	8g
계란	240g
중력분	800g
코코아 파우더	200g
베이킹 파우더	6g

B. 가나슈

생크림(35%)	2,000g
버터	460g
트리몰린(전화당)	200g
초콜릿(코코아 함량 55%)	600g
스위트 초콜릿	1,000g

C. 비스퀴 조콩드 쇼콜라

※ 265페이지 참조

D. 글라사주 쇼콜라

※ 270페이지 참조

E. 충전, 장식용 재료

프랑부아즈(라즈베리)

A. 파트 쇼콜라

1. 믹서 볼에 버터, 설탕, 소금을 넣고 비터로 섞어 부드럽게 만든다.

2. 계란을 몇 차례에 나누어 넣으면서 계속 비터로 섞어준다.

3. 함께 체 쳐둔 중력분, 코코아 파우더, 베이킹 파우더를 섞고 냉장고에서 휴지시킨다.

4. 휴지시킨 반죽을 2mm의 두께로 밀어 세르클(직경 8cm, 높이 2cm)에 깐다. 그 위에 얇은 종이를 깔고 쌀이나 팥 등을 채운다.

5. 180℃ 오븐에서 굽는다. 구워진 정도는 반죽이 처음보다 어느 정도 줄었는가를 보고 판단한다.

B. 가나슈

1. 냄비에 생크림, 버터, 트리몰린을 넣고 끓인다.

2. 잘게 다진 초콜릿에 1을 넣고 거품기로 섞어준다.*1, 2 (되도록 공기가 들어가지 않도록 필요이상 섞지 않는다.)

Tips

*1 두 종류의 초콜릿을 사용하는 이유는 코코아 함량 55%만은 신맛이 강하므로 단맛을 위해 일반 스위트 초콜릿을 함께 사용한다. 스위트 초콜릿 대신 코코아 함량 55%의 초콜릿만을 1,600g 사용해도 된다.

*2 가나슈는 공기가 들어가면 식감이 딱딱해지기 때문에 식힐 때에도 섞지 말고 그대로 놔두는 것이 좋다.

C. 비스퀴 조콩드 쇼콜라

1. 5×5cm 크기로 잘라둔다.

마무리

1. 구워 놓은 타르트에 가나슈를 조금 짠다.

2. 잘게 부순 냉동 프랑부아즈(라즈베리)를 뿌리고 그 위에 5×5cm로 잘라놓은 비스퀴 조콩드 쇼콜라를 올린다.

3. 다시 가나슈를 타르트 윗부분까지 짜넣는다.

4. 표면에 글라사주 쇼콜라를 씌우고 프랑부아즈를 올려 장식한다.

몽블랑 Mont-blanc

▌럼으로 포인트를 준 밤맛이 일품인 과자

몽블랑 Mont-blanc

| 133개분 |

A. 파트 쇼콜라

※268페이지 참조

B. 크렘 파티시에르 + 크렘 샹티이

크렘 파티시에르	2,660g
크렘 샹티이	266g

(※269페이지 참조)

C. 비스퀴 퀴이에르 쇼콜라

※263페이지 참조

D. 크렘 샹티이 마롱

생크림(42%)	2,575g
슈거 파우더	258g
럼	130g
밤(시럽 절임)	1,030g

E. 크렘 마롱

식물성 크림	666g
생크림(42%)	1,334g
크렘 마롱(sabaton社)	2,000g

A. 파트 쇼콜라

1. 반죽을 3㎜로 밀어 직경 6.5㎝ 원형틀로 찍어낸다.

2. 피케한 다음 180℃ 오븐에서 굽는다.

※ 피케(Piquer) : 반죽의 표면에 작은 구멍을 뚫는 일, 보통 피케전용 롤러를 이용한다. 굽는 동안 반죽이 부풀지 않도록 하기 위해서이다.

B. 크렘 파티시에르 + 크렘 샹티이(1개=22g)

1. 크렘 파티시에르와 크렘 샹티이를 섞는다.

C. 비스퀴 퀴이에르 쇼콜라

1. 3×3㎝ 크기로 잘라둔다.

D. 크렘 샹티이 마롱(밤을 넣은 생크림, 1개=30g)

1. 생크림, 슈거 파우더, 럼을 믹서 볼에 넣고 80% 정도 휘핑한다.

2. 큼직하게 썬 밤을 넣고 다시 단단한 크림을 만든다.

E. 크렘 마롱(밤 크림, 1개=30g)

1. 식물성 크림과 생크림을 볼에 함께 넣고 80% 정도 휘핑한다.

2. 차가운 크렘 마롱을 넣고 다시 단단한 크림을 만든다.

마무리

1. 파트 쇼콜라 위에 둥근 모양깍지를 이용해 B의 크림(22g)을 돔모양으로 짠다.

2. 그 위에 3×3㎝로 잘라놓은 비스퀴 퀴이에르 쇼콜라를 올리고 크림을 살짝 눌러준다.

3. 둥근 모양깍지로 크렘 샹티이 마롱(30g)을 돔모양으로 짠다.

4. 몽블랑 전용깍지를 이용해 크렘 마롱(30g)을 짠다.

5. 표면에 슈거 파우더를 뿌려 마무리한다.

무스 프레즈 Mousse fraise

딸기 맛의 산뜻한 무스. 딸기 이외에 프랑부아즈와 그로제유 퓌레를 섞어 새콤함을 가미시켰다

무스 프레즈 Mousse fraise

| 직경 6cm, 높이 4cm 원형 세르클 120개분 |

A. 비스퀴 퀴이예르

※263페이지 참조

B. 비스퀴 조콩드

※265페이지 참조

C. 무스 프레즈

딸기 퓌레	825g
프랑부아즈 퓌레	150g
그로제유 퓌레	225g
젤라틴	72g
이탈리안 머랭	1,200g
(흰자 400g, 설탕 800g)	
생크림(35%)	1,440g

D. 앵비베용 시럽

30°B 시럽	200g
물	150g
프랑부아즈 리큐르	10g
(Eau de vie framboise)	

E. 충전용 재료

그로제유(레드 커런트)

F. 나파주

퓌레	600g
(딸기, 프랑부아즈, 그로제유 퓌레를 섞은 것)	
물엿	80g
설탕	120g
펙틴	16g

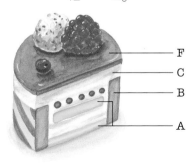

F —
C —
B —
A —

A. 비스퀴 퀴이예르

1. 직경 3cm로 동그랗게 짜서 구운 것과 철판에 펴서 구운 것을 사용.

B. 비스퀴 조콩드 (핑크색, 사선모양 데코르)

1. 너비 2.8cm 띠 모양으로 잘라둔다.

C. 무스 프레즈

1. 찬물에 불린 젤라틴의 물기를 없애고 볼에 넣어 녹인다.

2. 세 가지 종류의 퓌레(차가운 상태)를 섞어 1의 젤라틴에 조금씩 넣어주면서 거품기로 섞는다. 퓌레를 넣는 도중 굳은 기미가 보이면 열을 가해 녹여준다.

3. 휘핑한 생크림에 이탈리안 머랭을 넣어 거품기로 섞는다.

4. 2의 퓌레가 걸쭉하게 굳기 시작하면 3에 넣어 거품기로 섞는다.

D. 앵비베용 시럽

1. 재료를 모두 섞는다.

F. 나파주

1. 냄비에 퓌레와 물엿을 넣고 피부온도까지 데운다.

2. 같이 섞어 둔 설탕과 펙틴을 1에 넣고 거품기로 저으면서 끓인다.

마무리 (거꾸로 뒤집어 만드는 방법)

1. 철판 위에 OPP필름을 깐다.

2. 원형 세르클 옆면에 무스용 필름을 깔고 2.8cm의 너비로 잘라놓은 B의 비스퀴 조콩드를 두른 다음 세르클을 뒤집어 1의 철판위에 놓는다.

3. 무스 프레즈를 짤주머니에 넣고 틀의 1/2 가량 짠다.

4. 그 위에 냉동 그로제유를 얹고 동그랗게 짜서 구운 비스퀴 퀴이예르를 시럽에 적셔 넣는다.

5. 다시 무스 프레즈를 짜고 원형틀로 찍어낸 비스퀴 퀴이예르를 덮어 급속냉동시킨다.

6. 무스가 굳으면 표면에 나파주를 바르고 세르클을 벗겨낸다.

산마르크 Saint-marc

캐러멜화시킨 비스퀴 조콩드로 초콜릿 무스와 바닐라 무스를 샌드한 식감이 좋은 과자

산마르크 Saint-marc

│ 36×57cm, 높이 4.5cm 카트르 2개분 │

A. 비스퀴 조콩드

※ 265페이지 참조

B. 파트 아 봉브

노른자	200g
설탕	400g

C. 무스 쇼콜라

카카오 마스	100g
스위트 초콜릿 (코코아 함량 64%)	450g
우유	275g
생크림(35%)	1,300g

D. 무스 바닐유

B의 파트 아 봉브	600g
젤라틴	35g
생크림(35%)	1,300g
몬레니온 바닐라 (천연 바닐라 농축액)	40방울

A. 비스퀴 조콩드

1. 시트 표면에 파트 아 봉브를 바르고 캐러멜화 한다.

B. 파트 아 봉브

1. 노른자를 풀어 약간 거품을 낸다.

2. 설탕과 설탕의 1/3분량인 물을 넣고 121℃까지 끓인 시럽을
   1에 천천히 부으면서 휘핑한다.

3. 체온 정도로 식을 때까지 계속 고속으로 휘핑하면서
   가벼운 파트 아 봉브를 만든다.

C. 무스 쇼콜라

1. 잘게 썬 카카오 마스와 스위트 초콜릿에 끓인 우유를 넣어 가나슈를 만든다.

2. 가나슈 온도가 45~50℃로 식으면 휘핑한 생크림에 넣어 섞는다.
   뜨거운 것(가나슈)과 찬 것(생크림)이 섞이므로 한번에 넣어 섞어야 한다.

D. 무스 바닐유

1. 체온 정도의 파트 아 봉브(B)에 물에 불려서 녹인 젤라틴을 넣어 섞는다.

2. 생크림에 몬레니온 바닐라를 넣어 휘핑한다.

3. 1을 2에 넣고 거품기로 섞는다.

마무리

1. 비스퀴 조콩드 4장의 표면에 파트 아 봉브(분량 외)를 바르고
   전체적으로 골고루 설탕을 뿌린 다음 인두로 캐러멜화시킨다.[*1]

2. 철판에 카트르를 얹고 캐러멜화시킨 면이 위로 오도록 비스퀴 조콩드를 깐다.

3. 무스 쇼콜라를 넣고 평평하게 편 다음 급속 냉동시킨다.

4. 그 위에 다시 무스 바닐유를 넣고 평평하게 한 다음
   캐러멜화시킨 면이 위로 오도록 비스퀴 조콩드를 깔아 급속냉동시킨다.

5. 표면에 나파주를 바르고 카트르를 벗긴다.

Tips

[*1] 파트 아 봉브를 발라 캐러멜화시키면 설탕만으로 캐러멜화한 것보다 향과 맛이 풍부해진다.
그러나 파트 아 봉브는 상하기 쉬우므로 파트 아 봉브가 발린 부분은 빠짐없이 캐러멜화시켜
주는 것이 위생상 안전하다.

무스 망고 Mousse mangue

▌망고의 맛을 살린 무스. 벨기에의 Damme에서 일할 때 만들었던 과자 중 가장 인상에 남는 과자

무스 망고 Mousse mangue

| 직경 6cm, 높이 4cm 원형 세르클 120개분 |

A. 비스퀴 퀴이예르

※ 263페이지 참조

B. 비스퀴 조콩드

※ 265페이지 참조

C. 무스 망고

망고 퓌레	1,750g
레몬즙	115g
젤라틴	59g
이탈리안 머랭	1,195g
(흰자 495g, 설탕 700g)	
생크림(35%)	1,500g

D. 충전용 재료

프랑부아즈

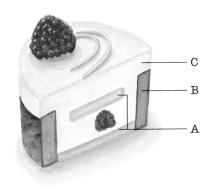

A. 비스퀴 퀴이예르

1. 3×3cm 크기로 잘라둔다.

B. 비스퀴 조콩드

1. 시트 표면에 파트 아 봉브를 바르고 캐러멜화 한다.

C. 무스 망고

1. 찬물에 불린 젤라틴의 물기를 없애고 볼에 넣어 녹인다.

2. 차가운 상태의 망고 퓌레와 레몬즙을 1의 젤라틴에 조금씩 넣어주면서 거품기로 섞는다. 퓌레를 넣는 도중 굳을 기미가 보이면 열을 가해 녹여준다.

3. 휘핑한 생크림에 이탈리안 머랭을 넣어 거품기로 섞는다.

4. 2의 퓌레가 걸쭉하게 되면 3에 넣고 거품기로 섞는다.

마무리 (거꾸로 뒤집어 만드는 방법)

1. 비스퀴 조콩드의 표면에 버터 스프레이 또는 파트 아 봉브 (※ 산마르크 참조)를 발라 설탕을 뿌린 다음 인두로 캐러멜화시킨다.

2. 원형 세르클에 무스용 필름을 깔고, 그 안쪽에 2.8cm 너비로 잘라놓은 비스퀴 조콩드를 두른 다음 세르클을 뒤집어 1의 철판 위에 놓는다.

3. 무스 망고를 세르클의 1/2 가량 짠다.

4. 3×3cm로 자른 비스퀴 퀴이예르를 넣고 냉동 프랑부아즈를 1개 올린다.

5. 다시 무스 망고를 짜넣고 3×3cm로 자른 비스퀴 퀴이예르를 덮어 급속냉동시킨다.

6. 무스가 굳으면 표면에 나파주를 바르고 세르클을 벗겨낸다.

카라이브 Caraibe

라임과 프랑부아즈의 상큼한 맛이 카리브 해를 연상시키는 과자

카라이브 Caraibe

│36×57cm, 높이 4.5cm 카트르 2개분│

A. 비스퀴 조콩드

※265페이지 참조

B. 무스 시트롱 베르

라임즙	860g
라임 제스트	5개분
젤라틴	60g
생크림(35%)	1,720g
흰자	235g
설탕	470g

C. 무스 프랑부아즈

프랑부아즈 퓌레	1,430g
30°B 시럽	205g
젤라틴	57g
생크림(35%)	1,150g
흰자	130g
설탕	260g

D. 표면 장식용 재료

키위	1/2개
오렌지 제스트	20g
라임 제스트	20g
그로제유(레드 커런트)	80g

(※ 위 재료는 카트르 1개분 분량)

E. 나파주

나파주 나튀르	1,200g
물	400g
물엿	200g

A. 비스퀴 조콩드

1. 카트르 1개당 2장의 비스퀴 조콩드가 필요.

B. 무스 시트롱 베르 (라임 무스)

1. 찬물에 불린 젤라틴의 물기를 없애고 볼에 넣어 녹인다.

2. 차가운 상태의 라임즙과 라임 제스트(라임 껍질 간 것)를 1에 조금씩 넣으면서 섞는다. 넣는 도중 굳을 기미가 보이면 열을 가해 녹여준다.[*1]

3. 흰자와 설탕으로 이탈리안 머랭을 만든다.

4. 휘핑한 생크림에 이탈리안 머랭을 넣어 거품기로 섞는다.

5. 2의 상태가 약간 걸쭉하게 되면 4에 넣어 섞는다.

Tips

[*1] 라임 제스트를 넣어주어야 향이 강하게 난다. (라임즙은 라임 퓌레로 대체가능)

C. 무스 프랑부아즈

1. 찬물에 불린 젤라틴의 물기를 없애고 볼에 넣고 녹인다.

2. 차가운 상태의 프랑부아즈 퓌레와 30°B 시럽을 섞어 1에 조금씩 넣어주면서 거품기로 섞는다. 퓌레를 넣는 도중 굳을 기미가 보이면 열을 가해 녹여준다.

3. 휘핑한 생크림에 이탈리안 머랭을 넣어 거품기로 섞는다.

4. 2의 퓌레가 걸쭉하게 굳어지려고 할 때 3에 넣어 거품기로 섞는다.

D. 표면 장식용 재료

※ 장식용 오렌지 제스트, 라임 제스트 만드는 법

1. 오렌지 껍질을 얇게 벗겨 아주 가늘게 채썬다.

2. 끓는 물에 10분 정도 데친다.

3. 물기를 제거한 다음 냄비에 30°B 시럽과 함께 당도 68~72% brix가 될 때까지 조린다.(라임 제스트도 같은 방법으로 만든다)

E. 나파주

1. 재료를 모두 섞는다.

마무리(거꾸로 뒤집어 만드는 방법)

1. 철판에 OPP필름을 깔고 카트르를 올린다.

2. 필름 위에 E의 나파주를 바르고 그 위에 4등분한 키위를 얇게 잘라 간격을 두고 놓는다.*¹

3. 오렌지와 라임 제스트, 그로제유 순으로 나열하고 냉동고에 넣어 굳힌다.*²

4. 무스 시트롱 베르를 넣어 평평하게 편 다음 비스퀴 조콩드를 깔고 급속 냉동시킨다.

5. 다시 그 위에 무스 프랑부아즈를 넣고 평평하게 편 다음 비스퀴 조콩드를 덮어 급속 냉동시킨다.

Tips

*¹ 나파주를 바르는 것은 장식용 내용물이 움직이지 않도록 고정시키기 위해서이다.

*² 냉동 그로제유는 녹으면 물이 나오면서 물러진다.
   사용하기 직전에 냉동고에서 꺼내 얹은 다음 바로 냉동고에 넣어 굳힌다.

다무르 Damour

진한 초콜릿 무스 안에 강한 바닐라향의 크렘 브릴레가 든 과자

다무르 Damour

| 직경 6cm, 높이 4cm 원형 세르클 120개분 |

A. 다쿠아즈 쇼콜라

※ 264페이지 참조

B. 크렘 브륄레

우유	800g
생크림(35%)	2,000g
바닐라빈	4개
노른자	400g
설탕	400g
박력분	120g

C. 무스 쇼콜라

계란	300g
노른자	540g
설탕	637g
젤라틴	33.75g
생크림(35%)	2,250g
초콜릿 (코코아 함량 64%)	1,500g
밀크 초콜릿	375g

D. 마무리용 재료

글라사주 쇼콜라(※ 270페이지 참조)

A. 다쿠아즈 쇼콜라

1. 크렘 브륄레용과 밑면용으로 나누어 잘라둔다.

B. 크렘 브륄레(36×57cm, 높이 4.5cm 카트르 1개분)

1. 볼에 노른자를 풀고 설탕을 넣어 덩어리가 생기지 않게 잘 섞는다.

2. 박력분을 섞은 다음 우유를 20% 섞는다.

3. 냄비에 나머지 우유, 생크림, 바닐라빈을 넣고 끓인다.

4. 3이 끓으면 2의 냄비에 천천히 부으면서 거품기로 잘 섞는다.
이 단계에서 잘 섞어주지 않으면 덩어리가 생기게 된다.

5. 거품기로 저으면서 크림을 강한 불에서 끓인다.
크림에 끈기가 없어지면 불에서 내린다.

6. 끓인 크림을 밑면이 넓은 볼에 담고 얼음물에서 식힌다.*1

7. 철판에 카트르를 올리고 다쿠아즈 쇼콜라를 깐 다음 6의 크림을 부어
냉동시킨다. 실리콘 몰드의 경우에는 몰드에 크림을 짜고
다쿠아즈 쇼콜라를 얹어 냉동시킨다.

Tips

*1 유지방분이 높은 크림(생크림이 많이 들어감)으로 냉각 도중 분리되기 쉽다.
따라서 거품기로 저어주면서 식힌다. 분리되지 않을 정도가 되면 더 이상 섞지 않도록
주의한다. 지나치게 저으면 크림이 풀어져 버린다.

C. 무스 쇼콜라

1. 계란과 노른자를 풀어 약간 거품을 낸다.

2. 설탕과 설탕의 1/3 분량인 물을 넣고 125℃까지 시럽을 끓인 다음
1의 계란에 천천히 부으면서 믹서로 휘핑한다.

3. 체온 정도로 식을 때까지 계속 고속으로 휘핑하면서 완전히 휘핑된
파트 아 봉브를 만든다.

4. 찬물에 불려 녹인 젤라틴을 3에 섞는다.

5. 휘핑한 생크림을 4에 넣어 섞는다.

6. 50~55℃로 함께 녹인 초콜릿과 밀크 초콜릿을 5에 넣고 거품기로 섞는다.

마무리 (거꾸로 뒤집어 만드는 방법)

1. 철판 위에 OPP필름을 깐다.

2. 원형 세르클에 무스용 필름을 두르고 무스 쇼콜라를 1/2 가량 짠다.

3. 3.5×3.5cm로 자른 크렘 브륄레를 다쿠아즈 쇼콜라 부분이 바닥을 향하게 넣고 무스 쇼콜라가 크렘 브륄레와 같은 높이가 되도록 눌러준다. 실리콘 몰드에 굳힌 크렘 브륄레의 경우도 같은 방법으로 넣어준다.

4. 다쿠아즈 쇼콜라를 덮어 급속냉동시킨다.

5. 세르클을 벗기고 표면에 글라사주 쇼콜라를 씌워 마무리한다.

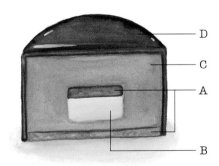

D

C

A

B

호두와 무화과 타르트
Tarte de noix et figue

▌은은한 홍차향의 아몬드 크림에 호두와 무화과를 넣어 구운 타르트

호두와 무화과 타르트 Tarte de noix et figue

┃직경 8cm 원형 세르클 50개분┃

A. 파트 사블레

※268페이지 참조

B. 얼그레이풍 크렘 다망드

크렘 다망드　2,000g
(※270페이지 참조)
얼그레이　　　8g

C. 충전용 재료

건조 무화과, 호두

A. 파트 사블레

1. 두께 2mm로 밀어 세르클에 깐다.

B. 얼그레이풍 크렘 다망드

1. 크렘 다망드 1,000g당 얼그레이 홍차
   (곱게 갈아서 사용) 4g씩 섞는다.

C. 충전용 재료

1. 건조 무화과는 시럽(물 : 설탕 = 2 : 1)과 얼그레이 1ts을 함께 냄비에 넣고
   끓여 적당한 크기로 자른다.

마무리

1. 파트 사블레를 두께 2mm로 밀어 세르클에 깐다.

2. 얼그레이를 넣은 크렘 다망드 40g을 짜고 무화과와 반으로 자른 호두를
   올린다.

3. 180/180℃ 오븐에서 약 35분간 굽는다.

피아프 Piaf

다쿠아즈 사이에 헤이즐넛 크림과 초콜릿 무스를 샌드한 고소함이 돋보이는 과자.
파티스리 밖에 항상 배경음악으로 흐르고 있는 노래, 샹송가수 에디프 피아프의 이름을 따서 지었다

피아프 Piaf

| 100개분 |

A. 다쿠아즈

다쿠아즈 틀에 구운 다쿠아즈 300개

※ 264페이지 참조

B. 무스 쇼콜라

초콜릿	570g
(코코아 함량 55%)	
생크림(42%)	1,140g

C. 무스 누아제트

파트 드 누아제트	120g
(무가당 헤이즐넛 페이스트, 카카오바리社)	
슈거 파우더	120g
생크림(42%)	1,485g

※ 파트 드 누아제트가 없을 경우

아몬드·헤이즐넛 프랄리네 240g	
생크림(42%)	1,485g

D. 앵비베용 시럽

30°B 시럽	300g
물	100g
키르슈(알코올 도수 50°)	100g

※ 키르슈(Kirsch) : 체리로 만든 술

E. 캐러멜 누아제트

누아제트	1,200g
설탕	400g

※ 누아제트(Noisette) : 헤이즐넛의 프랑스어명. 헤이즐넛 색(갈색)이 될 때까지 태운 버터를 지칭하기도 한다.

A. 다쿠아즈

1. 다쿠아즈 3장이 한 세트가 된다.

B. 무스 쇼콜라

1. 생크림을 80~90%정도 휘핑한다.

2. 초콜릿을 녹여 온도 50~55℃로 데운다.

3. 휘핑한 생크림의 1/2을 2의 초콜릿에 넣고 거품기로 잘 섞는다.[1]

4. 잘 섞였으면 나머지 생크림을 넣고 다시 잘 섞는다.

Tips

[1] 여기서 사용하는 생크림은 보통 무스에 사용되는 생크림(35%)에 비해 유지방분이 높아 한번에 초콜릿에 섞으면 굳어버리기 쉽다.
따라서 1/2을 덜어 먼저 초콜릿과 섞은 다음 나머지를 넣어 섞는다.

C. 무스 누아제트 (헤이즐넛 무스)

1. 믹서 볼에 파트 드 누아제트와 슈거 파우더를 넣고 잘 섞는다. 프랄리네의 경우는 부드럽게 풀어준다.

2. 생크림을 조금씩 1에 넣어가면서 섞은 다음 거품기를 이용해 단단하게 휘핑한다.

D. 앵비베용 시럽

1. 재료를 모두 섞는다.

E. 캐러멜 누아제트

1. 냄비에 설탕의 1/3분량인 물과 설탕을 넣고 121℃까지 시럽을 끓인다.

2. 오븐에 구워 껍질을 벗긴 누아제트를 1의 시럽에 넣고 표면에 하얀 결정이 생길 때까지 나무주걱으로 잘 섞는다.

3. 다시 불에 올려 섞어주면서 누아제트를 캐러멜화시킨다.[1]

Tips

[1] 이 과자에는 쓴맛이 강한 것이 어울리므로 캐러멜화를 많이 시켜준다.

마무리

1. 가장 위에 올릴 다쿠아즈는 모양이 좋은 것으로 골라 놓는다.

2. 다쿠아즈 모양의 타원형 세르클안에 무스용 필름을 두루고 다쿠아즈를 한 장 깐다.

3. 시럽(약 13g)을 바른 다음 무스 쇼콜라(약 17g)를 짠다.

4. E의 캐러멜 누아제트(약 4.5g)를 큼직하게 썰어 뿌린다.

5. 시럽을 바른 다쿠아즈를 얹은 다음 무스 누아제트(약 17g)를 짠다.

6. 다시 다쿠아즈를 얹고 슈거 파우더를 뿌려 마무리한다.

프로마주 블랑 Fromage blanc

프로마주 블랑이라는 순한 치즈를 이용한 무스와
동그랗게 바른 생크림에 비스퀴 파우더를 묻힌 부드럽고 귀여운 과자

프로마주 블랑 Fromage blanc

❚ 직경 6cm 원형 세르클 120개분 ❚

A. 비스퀴 레제

노른자	380g
흰자	605g
설탕	545g
중력분	250g

B. 무스 프로마주 블랑

노른자	300g
설탕	300g
젤라틴	34g
프로마주 블랑	1,000g
생크림(35%)	1,130g
몬레니온 바닐라 (천연 바닐라 농축액)	25방울

※ 프로마주 블랑을 크림 치즈로 대체할 경우	
크림치즈	1,800g
설탕	300g
우유	500g
레몬즙	3개분
젤라틴	40g
노른자	200g
설탕	200g
물	80g
생크림	1,200g

C. 충전, 마무리용 재료

프랑부아즈

크렘 샹티이(※ 269페이지 참조)

케이크 크림(구운색이 들어가지 않은 것)

A. 비스퀴 레제

1. 노른자는 볼에 담아 냉장고에 넣어둔다.

2. 믹서 볼에 흰자를 넣고 80%까지 휘핑한다.

3. 휘핑한 흰자에 설탕을 한번에 넣고 튼튼한 머랭을 만든다.

4. 냉장고에서 차게 식힌 노른자를 풀어 3의 머랭에 넣고 완전히 섞어준다.

5. 체 친 중력분을 4에 넣고 반죽이 매끄럽게 흘러내릴 정도까지 잘 섞는다.[*1]

6. 철판 1장당 590g의 반죽을 펴서 240/220℃ 오븐에 약 6분간 굽는다.

Tips

[*1] 비스퀴 레제는 별립법의 아주 부드러운 비스퀴로 비스퀴 퀴이예르보다 더 부드럽다. 그러나 잘 섞어주지 않으면 구웠을 때 퍼석퍼석한 비스퀴가 되므로 완전히 잘 섞어주는 것이 포인트.

B. 무스 프로마주 블랑

1. 노른자를 풀어 약간 거품을 낸다.

2. 설탕과 설탕의 1/3분량인 물을 넣고 121℃까지 시럽을 끓인다.

3. 끓인 시럽을 1의 노른자에 천천히 부으면서 믹서로 휘핑한다.[*1]

4. 체온정도로 식을 때까지 계속 고속으로 휘핑하면서 완전히 휘핑된 파트 아 봉브를 만든다.

5. 찬물에 불려 녹인 젤라틴을 4에 섞는다.

6. 다른 볼에 프로마주 블랑, 휘핑한 생크림, 몬레니온 바닐라, 젤라틴을 섞은 파트 아 봉브를 넣고 거품기로 한번에 섞는다.[*2]

Tips

[*1] 가벼운 파트 아 봉브를 만들기 위해 약간 거품을 내 공기를 넣은 노른자에 시럽을 천천히 부으면서 휘핑한다. 시럽을 한꺼번에 넣으면 빨리 식어 전체적으로 무거운 파트 아 봉브가 된다.

[*2] 모든 재료를 한번에 섞으므로 파트 아 봉브의 온도가 너무 낮으면 덩어리지기 쉽다. 파트 아 봉브를 피부 온도로 유지시켜주는 것이 포인트.

※ 프로마주 블랑을 크림 치즈로 대체할 경우

1. 포마드 상태의 크림치즈에 설탕(300g), 우유(1/2양), 레몬즙을 넣고 덩어리가 없도록 풀어준다.

2. 물에 불린 젤라틴을 끓인 우유(1/2양)에 넣어 녹인 다음 1과 섞는다.

3. 설탕(200g)과 물을 100℃로 끓인 시럽을 노른자에 넣어 파트 아 봉브를 만든다.

4. 휘핑한 생크림, 파트 아 봉브를 2에 넣고 거품기로 섞는다.

마무리

1. 너비 2cm로 자른 비스퀴 레제에 인두로 마크를 새긴다.

2. 직경 6cm, 높이 2cm의 세르클에 인두로 새긴 비스퀴 레제를 두르고 밑면에도 비스퀴 레제를 깐다.

3. 무스 프로마주 블랑을 1/3 가량 짜고 냉동 프랑부아즈를 2개씩 넣는다.

4. 그 위에 비스퀴 레제를 얹고 다시 무스 프로마주 블랑을 돔모양으로 짠 다음 급속 냉동시킨다.

5. 팔레트 나이프로 크렘 샹티이를 돔모양으로 깨끗하게 바른다.

6. 케이크 크럼을 묻혀 마무리한다.

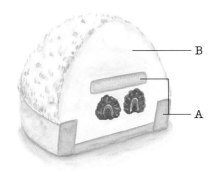

B

A

수플레 프로마주 Soufflé fromage

▌촉촉한 수플레 타입의 치즈케이크

수플레 프로마주 Soufflé fromage

| 직경 18cm 원형틀 8개분 |

수플레 프로마주

크림치즈	1,600g
레몬 제스트	2개분
버터	240g
생크림(35%)	400g
우유	160g
노른자	16개분
박력분	120g
흰자	16개
설탕	460g

1. 미리 부드럽게 해둔 실온의 크림치즈와 레몬 제스트를 섞어 믹서볼에 담고 포마드 상태의 버터를 넣어 비터로 섞는다.*1

2. 우유와 생크림을 넣어 섞는다. 겨울철에는 우유와 생크림을 약간 데워 섞는 것이 좋다.

3. 따로 섞어둔 노른자와 박력분을 넣어 섞는다. (이상의 과정은 모두 비터를 이용하는데 필요 이상으로 많이 섞지 않도록 주의한다.)*2

4. 흰자와 설탕으로 70% 머랭을 만든다. 흰자에 거품을 내어 약간 하얗게 되면 설탕을 한꺼번에 넣고 휘핑한다. 설탕을 뒤에 넣는 것은 촘촘한 입자의 머랭을 만들기 위해서이다.

5. 3에 머랭을 넣으면서 손으로 섞는다.

6. 틀 밑면에 종이를 깔고 옆면에는 쇼트닝을 발라 설탕을 묻혀 놓는다. 반죽을 420g씩(여기서는 360g) 넣은 후 바닥을 쳐서 큰 기포를 없애고 표면을 깔끔하게 고른다.

7. 중탕으로 150/130℃인 오븐의 공기구멍을 닫고 30분, 오븐 불을 끄고 공기구멍을 연 상태에서 1시간 굽는다. 굽는 과정에서 오븐을 열면 반죽이 가라앉을 위험이 있으므로 되도록 열지않도록 주의한다.*3

8. 구워지면 그대로 두었다가 완전히 식은 후 틀에서 꺼내 자른다.

Tips

*1 크림치즈는 프랑스산 Kiri나 덴마크산 Buko를 권장한다. 수분이 많은 크림치즈인 경우에는 우유(160g)로 되기를 조절한다. 치즈를 부드럽게 할 때 너무 열을 가하면 반죽이 분리될 위험이 있으므로 주의한다.

*2 반죽을 비터로 너무 섞으면 공기가 많이 들어가서 표면이 터지게 된다. 따라서 표면이 고른, 차분한 제품을 얻기 어렵다.

*3 30분간 구운 다음 나머지는 공기구멍을 열고 굽는데, 이는 오븐 내의 증기로 인해 반죽 표면이 터지는 것을 방지하기 위해서이다.

마리 루이스 Marie louise

아몬드 크림의 타르트 위에 요구르트가 든 프랑부아즈 무스를 올린 과자.
고소한 맛과 상큼한 맛이 잘 어울린다

마리 루이스 Marie louise

바닥 직경 5cm, 윗부분 직경 6.5cm
타르틀레트 70개분

A. 파트 사블레

※ 268페이지 참조

B. 크렘 다망드

※ 270페이지 참조

C. 무스 프랑부아즈

프랑부아즈 퓌레	400g
요구르트	370g
레몬즙	1.5개분
프랑부아즈 리큐르	75g
젤라틴	45g
이탈리안 머랭	750g
(흰자 250g, 설탕 500g)	
생크림(35%)	1,500g

D. 나파주

프랑부아즈 퓌레	500g
물	2,500g
설탕	600g
물엿	400g
펙틴(젤리 믹스)	150g
구연산	5g

E. 충전, 장식용 재료

프랑부아즈
아몬드 슬라이스(로스트)

A. 파트 사블레

1. 두께 2mm로 밀어 틀에 깐다.

C. 무스 프랑부아즈

1. 찬물에 불린 젤라틴의 물기를 없애고 볼에 넣어 녹인다.

2. 프랑부아즈 퓌레, 요구르트, 레몬즙, 프랑부아즈 리큐르를 섞는다.

3. 1의 젤라틴에 2를 조금씩 넣어주면서 거품기로 섞는다.
   퓌레를 넣는 도중 굳을 기미가 보이면 열을 가해 녹여준다.

4. 휘핑한 생크림에 이탈리안 머랭을 넣어 거품기로 섞는다.

5. 2의 퓌레가 걸쭉하게 굳어지려고 할 때 3에 넣어 거품기로 섞는다.

D. 나파주

1. 냄비에 퓌레와 물엿, 물을 넣고 피부온도까지 데운다.

2. 같이 섞어 둔 설탕과 펙틴, 구연산을 1의 냄비에 넣고 저으면서 끓인다.

마무리

1. 파트 사블레를 2mm로 밀어 타르틀레트 틀에 깔고 크렘 다망드를
   채워 180/200℃ 오븐에서 굽는다.

2. 1의 타르트가 완전히 식으면 냉동 프랑부아즈를 몇 개 올리고
   그 위에 C의 무스를 돔모양으로 짜서 급속냉동시킨다.

3. 표면에 나파주를 바르고 옆면에 로스트한 아몬드 슬라이스를 붙여
   마무리한다.

※ 돔모양의 실리콘 몰드의 경우

1. 무스 프랑부아즈를 몰드에 짜고 냉동 프랑부아즈를 올린다.

2. 식힌 타르트를 거꾸로 뒤집어 무스 프랑부아즈 위에 얹고 급속냉동시킨다.

3. 무스 부분에 나파주를 씌우고 무스와 타르트의 경계부분을 로스트한
   아몬드 슬라이스로 장식해서 마무리한다.

시부스트 Chiboust

크렘 파티시에르와 이탈리안 머랭을 섞은 크렘 시부스트와 달지 않은 아파레유를 넣어 구운 타르트와의 조화

시부스트 Chiboust

| 120개분 |

A. 파트 사블레

※ 268페이지 참조

B. 소스 시부스트

계란	18개
설탕	600g
생크림(35%)	2,310g

C. 크렘 시부스트

우유	1,000g
코코넛 밀크	250g
노른자	400g
설탕	250g
박력분	50g
젤라틴	40g
이탈리안 머랭	1,500g

(흰자 500g, 설탕 1,000g)

D. 장식용 재료

크렘 파티시에르
(※ 269페이지 참조)

프랑부아즈

A. 파트 사블레

1. 두께 2mm로 밀어 틀에 깐다.

B. 소스 시부스트 (직경 7cm 타르틀레트틀 120개분)

1. 볼에 계란을 넣고 풀어준다. 단, 거품을 내지 않도록 주의한다.

2. 설탕, 생크림 순으로 섞는다.

※ 되도록 공기가 들어가지 않게 주의한다. 공기가 들어가면 오븐에서 구울 때
표면이 터질 염려가 있다. 따라서 재료들이 적당히 섞일 정도로만 저어준다.

C. 크렘 시부스트 (직경 6cm, 높이 2cm 세르클 120개분)

1. 풀어놓은 노른자에 설탕(250g)을 덩어리가 생기지 않게 잘 섞고 체 친
박력분을 섞는다.

2. 1에 우유를 20% 넣어 섞는다.

3. 냄비에 나머지 우유와 코코넛 밀크를 넣고 끓인다.

4. 2를 3의 냄비에 천천히 부으면서 거품기로 잘 섞는다.
이 단계에서 잘 섞어주지 않으면 덩어리가 생기게 된다.

5. 거품기로 저어가며 강한 불에서 크렘 파티시에르를 끓인다.
크림에 끈기가 없어지면 불을 끄고 찬물에 불린 젤라틴을 넣어 녹인다.

6. 흰자와 설탕(1,000g)으로 이탈리안 머랭을 만든다.

7. 크렘 파티시에르와 5의 이탈리안 머랭을 거품기로 섞는다.

8. 세르클에 짜서 표면을 매끈하게 정리한 다음 냉동시킨다.

마무리

1. 파트 사블레를 두께 2mm로 밀어 타르틀레트틀에 깐다.

2. 소스 시부스트를 채우고 180/220℃ 오븐에서 약 35분간 굽는다.

3. 타르트 가장자리에 색깔이 들 정도로 구워지면 냉동고에 넣어 식힌다.

4. 식힌 타르트 위에 냉동 프랑부아즈를 동그랗게 두른다.

5. 가운데 부분에 크렘 파티시에르를 짠다.

6. 굳혀둔 크렘 시부스트를 얹는다.

7. 크렘 시부스트 표면에 설탕을 뿌리고 인두로
캐러멜화시킨다. 이 작업을 두 번 반복한다.

무스 패션 Mousse passion

패션 무스 안에 붉은 오렌지 젤리가 들어간 과자.
패션푸르츠의 강한 신맛을 생크림과 이탈리안 머랭이 부드럽게 보완, 부담없이 즐길 수 있다

무스 패션 Mousse passion

▎직경 6cm, 높이 4cm 원형 세르클 120개분 ▎

A. 비스퀴 퀴이에르 쇼콜라

※ 263페이지 참조

B. 비스퀴 조콩드

※ 265페이지 참조

C. 줄레 상긴

오랑주상긴 콩상트레	1,000g
(Concentree sanguine 붉은 오렌지 농축액, 브와롱社)	
뜨거운 물	500g
젤라틴	33g
30°B 시럽	225g

※ 여기서는 오랑주상긴 콩상트레를 그로제유 퓌레로 대체	
그로제유 퓌레	1,000g
뜨거운 물	500g
젤라틴	33g
30°B 시럽	225g

D. 무스 패션

패션프루츠 퓌레	1,000g
젤라틴	54g
이탈리안 머랭	1,250g
(흰자 500g, 설탕 750g)	
생크림(35%)	1,500g

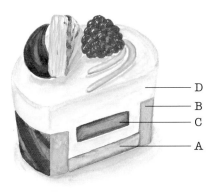

A. 비스퀴 퀴이에르 쇼콜라

1. 3×3cm 크기로 잘라둔다.

B. 비스퀴 조콩드(초콜릿색, 손가락 무늬 데코르)

1. 너비 2.8cm의 띠 모양으로 잘라둔다.

C. 줄레 상긴(붉은 오렌지 젤리, 7×36cm 카트르 5개분)

1. 찬물에 불려놓은 젤라틴과 나머지 재료를 넣어 거품기로 섞는다.

2. 카트르에 부어 냉동시킨다. 실리콘 몰드가 있을 경우는 몰드에 짜서 냉동시킨다.

D. 무스 패션

1. 찬물에 불린 젤라틴의 물기를 없애고 볼에 넣어 녹인다.

2. 차가운 상태의 패션 프루츠 퓌레를 1의 젤라틴에 조금씩 넣어주면서 거품기로 섞는다. 퓌레를 넣는 도중 만약 굳는 기미가 보이면 열을 가해 녹여준다.

3. 휘핑한 생크림에 이탈리안 머랭을 넣어 거품기로 섞는다.

4. 2의 퓌레 상태가 걸쭉하게 되면 3에 넣어 거품기로 섞는다.

마무리(거꾸로 뒤집어 만드는 방법)

1. 철판 위에 OPP필름을 깐다.

2. 원형 세르클에 무스용 필름을 깔고, 그 안쪽에 2.8cm 너비로 잘라놓은 비스퀴 조콩드를 두른 다음 세르클을 뒤집어 1의 철판위에 놓는다.

3. 무스 패션을 세르클의 1/2까지 짠다.

4. 그 위에 2.8cm 크기로 자른 줄레 상긴을 넣고 다시 무스 패션을 짠다.

5. 3×3cm로 자른 비스퀴 퀴이에르 쇼콜라를 덮어 급속냉동시킨다.

6. 무스가 굳으면 표면에 나파주를 바르고 세르클을 벗겨낸다.

쇼콜라 망트 Chocolat menthe

상큼한 민트가 초콜릿과 잘 어울리는 과자

쇼콜라 망트 Chocolat menthe

| 직경 6cm, 높이 4cm 타원형 세르클 122개분 |

A. 비스퀴 퀴이에르 쇼콜라

※263페이지 참조

B. 비스퀴 조콩드

※265페이지 참조

C. 무스 망트

스피아 민트	3팩
우유	750g
노른자	253g
설탕	244g
젤라틴	26.3g
민트 리큐르(Jet)	375.4g
생크림(35%)	1,689g

D. 무스 쇼콜라

흰자	71g
노른자	142g
설탕	234g
젤라틴	13g
생크림(35%)	1,278g
초콜릿(코코아 함량 55%)	376g

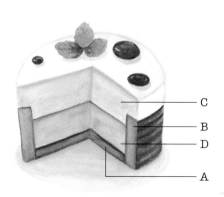

A. 비스퀴 퀴이에르 쇼콜라

1. 3×3cm 크기로 잘라둔다.

B. 비스퀴 조콩드(초콜릿색, 나무 무늬 데코르)

1. 너비 2.8cm의 띠 모양으로 잘라둔다.

C. 무스 망트(민트 무스)

1. 주스 믹서에 스피아 민트와 우유를 넣고 돌린 다음 고운 체에 거른다.*¹

2. 1의 스피아 민트가 든 우유를 끓인다.

3. 볼에 노른자를 풀고 설탕과 섞는다.

4. 2를 3에 넣고 거품기로 저어가면서 84℃까지 가열한다.

5. 찬물에 불린 젤라틴을 넣어 녹인 후 얼음물에서 식힌다.

6. 뜨거운 열기가 가시면 민트 리큐르를 넣고 걸쭉하게 되기 직전까지 식힌다.*²

7. 휘핑한 생크림과 섞는다.

Tips

*¹ 페퍼 민트(Pepper mint)를 사용해도 되지만 스피어 민트(Spear mint)가 페퍼 민트보다 부드러운 맛이 난다. 또 여기서 민트 퓌레 대신 민트잎을 사용하는 것은 민트의 진한 향을 내기 위해서이다.

*² 민트 리큐르는 향이 진한 것을 사용한다.

D. 무스 쇼콜라

1. 흰자와 노른자를 같이 풀어 약간 거품을 낸다.

2. 설탕과 설탕의 1/3 분량인 물을 넣고 121℃ 시럽을 끓여 1에 천천히 부으면서 믹서로 휘핑한다.

3. 체온 정도로 식을 때까지 계속 고속으로 휘핑하면서 완전히 휘핑된 파트 아 봉브를 만든다.

4. 찬물에 불려 녹인 젤라틴을 3에 섞는다.

5. 휘핑한 생크림을 넣어 섞는다.

6. 50~55℃로 녹인 초콜릿에 초콜릿양의 2배 정도가 되는 5의 반죽을 덜어
   섞는다.[1]

7. 완전히 섞이면 다시 5에 되돌려 섞는다.

Tips

[1] 전체에 비해 초콜릿 양이 적으므로 녹인 초콜릿을 반죽에
   한번에 넣으면 덩어리지기 쉽다.
   따라서 일부를 덜어 초콜릿과 잘 섞어준 후 다시 되돌려
   전체에 섞는 것이 좋다.

마무리(거꾸로 뒤집어 만드는 방법)

1. 철판 위에 OPP필름을 깐다.

2. 원형 세르클에 무스용 필름을 깔고, 그 안쪽에 2.8cm 너비로 잘라놓은
   비스퀴 조콩드를 두른 다음 세르클을 뒤집어 1의 철판 위에 놓는다.

3. 먼저 무스 망트를 세르클의 1/2 가량 짜고 급속냉동으로 굳힌다.

4. 그 위에 무스 쇼콜라를 짜고 3×3cm로 자른 비스퀴 퀴이예르 쇼콜라를
   덮어 급속냉동시킨다.[1]

5. 무스가 굳으면 표면에 나파주를 바르고 세르클을 벗겨낸다.

Tips

[1] 초콜릿맛이 강하면 민트맛이 약해지므로 무스 쇼콜라의 양을 조금 줄여도 된다.

무스 마롱 Mousse marron

밤크림과 페이스트를 듬뿍 사용해 밤맛이 충분히 살아있는 과자

무스 마롱 Mousse marron

| 8×57.5cm, 높이 6.5cm 뷔슈 드 노엘 틀 12개분 |

A. 비스퀴 퀴이예르 쇼콜라

※263페이지 참조

B. 비스퀴 조콩드

※265페이지 참조

C. 무스 마롱

크렘 드 마롱	654g
(Crème de marron, sabaton社)	
파트 드 마롱	1,308g
(Pâte de marron, sabaton社)	
럼	287g
생크림(35%)	195g
젤라틴	37g
이탈리안 머랭	750g
(흰자 250g, 설탕 500g)	
생크림(35%)	2,600g
마롱 브리제	523g
(시럽에 절인 밤을 잘게 부순 것, or 마롱 글라세)	
바닐라 에센스	적당량

D. 앵비베용 시럽

30°B 시럽	107g
물	36g
럼	26g

E. 크렘 마롱

식물성 크림	100g
생크림(42%)	200g
크렘 드 마롱	300g
(sabaton社)	

A. 비스퀴 퀴이예르 쇼콜라

1. 너비 4cm, 5.5cm로 각각 잘라둔다.

B. 비스퀴 조콩드(초콜릿색, 나무 무늬 데코르)

1. 너비 5.3cm의 시트 두 장이 틀 한 개 분량.

C. 무스 마롱

1. 믹서에 크렘 드 마롱, 파트 드 마롱을 넣고 비터로 섞어 부드럽게 만든다.

2. 마롱 브리제에 약간의 럼을 섞어 끈적거림을 줄이고 나머지 럼은 1에 섞는다.

3. 끓인 생크림(195g)에 찬물에 불린 젤라틴을 넣어 녹이고 1에 섞는다.

4. 이탈리안 머랭과 휘핑한 생크림(2,600g)을 섞은 다음 3에 넣어 섞는다.

5. 마롱 브리제, 바닐라 에센스를 섞는다.

D. 앵비베용 시럽

1. 재료를 모두 섞는다.

E. 크렘 마롱

1. 식물성 크림과 생크림을 볼에 함께 넣고 80%까지 휘핑한다. *1

2. 차가운 상태의 크렘 마롱을 넣고 다시 튼튼하게 휘핑한다.

Tips

*1 식물성 생크림을 섞는 것은 작업성(짜기에 편리)을 높이기 위해서이다.

마무리

1. 뷔슈 드 노엘 틀 길이로 길게 자른 직사각형 골판지를 틀 가운데 부분에 올린다.[*1]

2. 너비 5.3cm로 자른 비스퀴 조콩드 두 장을 각각 골판지 옆으로 깐다. 이때 조콩드의 나무무늬가 바깥으로 향하게 놓는다.

3. 무스 마롱을 틀의 1/2까지 짠다.

4. 그 위에 너비 4cm의 비스퀴 퀴이예르 쇼콜라를 넣고 앵비베용 시럽을 15g 바른다.

5. 다시 무스 마롱을 짜고 너비 5.5cm의 비스퀴 퀴이예르 쇼콜라를 덮어 급속냉동시킨다.

6. 굳으면 틀에서 꺼내 골판지를 떼어내고 윗면에 E의 크렘 마롱을 몽블랑용 모양깍지를 이용해서 짠다.

Tips

[*1] 골판지는 적당한 크기로 자른 다음 랩으로 싸서 사용한다.

프랄리네 쇼콜라 Praline chocolat

깊은 맛의 프랄리네 무스와 초코 무스가 조화를 이루는 과자

프랄리네 쇼콜라 Praline chocolat

▌36×57cm, 높이 4.5cm 카트르 2개분 ▌

A. 비스퀴 쇼콜라

노른자	535g
중력분	335g
카카오 마스	242g
버터	230g
흰자	400g
설탕	335g

B. 무스 프랄리네

우유	1,200g
노른자	400g
설탕	360g
젤라틴	52g
프랄리네 누아제트	130g
파트 드 누아제트 (무가당 헤이즐넛 페이스트)	540g
생크림(35%)	1,670g

※ 파트 드 누아제트가 없을 경우	
우유	1,200g
노른자	400g
젤라틴	52g
아몬드·헤이즐넛 프랄리네(50% 가당)	1,080g
생크림(35%)	1,670g

C. 무스 쇼콜라

노른자	216g
설탕	560g
젤라틴	20g
생크림(35%)	2,115g
밀크 초콜릿	1,200g
카카오 마스	180g

A. 비스퀴 쇼콜라

1. 노른자는 따로 볼에 담아 냉장고에 식혀둔다.

2. 믹서 볼에 흰자를 넣고 80%까지 휘핑한다.

3. 휘핑한 흰자에 설탕을 한번에 넣고 다시 튼튼한 머랭을 만든다.

4. 1의 노른자를 풀어 머랭에 넣고 완전히 섞어준다.

5. 체 쳐 놓은 중력분을 4에 넣고 섞는다.

6. 카카오 마스와 버터는 함께 50℃까지 녹여서 5에 섞는다.

7. 철판 1장당 520g의 반죽을 평평하게 펴서 210/200℃ 오븐에 6분 정도 굽는다.

B. 무스 프랄리네

1. 볼에 노른자와 설탕을 넣고 섞은 후 우유를 20% 섞는다.

2. 냄비에 나머지 우유를 넣고 끓인다.

3. 1의 노른자를 끓인 우유에 조금씩 넣으면서 거품기로 잘 섞는다.

4. 다시 강한 불에서 거품기로 섞으면서 84℃까지 끓인 다음 불에서 내린다.

5. 물에 불려놓은 젤라틴을 넣어 녹인 후 프랄리네 누아제트와 파트 드 누아제트를 섞는다.

6. 약간 걸쭉하게 될 때까지 얼음물에서 식힌다.

7. 휘핑한 생크림에 6을 넣어 거품기로 섞는다.

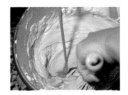

C. 무스 쇼콜라

1. 노른자를 풀어 약간 거품을 낸다.

2. 설탕과 설탕의 1/3 분량인 물을 넣고 121℃까지 시럽을 끓인다.[*1]

3. 끓인 시럽을 1의 노른자에 천천히 부으면서 믹서로 휘핑한다.

4. 체온 정도로 식을 때까지 계속 고속으로 휘핑하면서 완전히 휘핑된 파트 아 봉브를 만든다.[*2]

5. 찬물에 불려 녹인 젤라틴을 4에 섞는다.

6. 휘핑한 생크림과 섞는다.

7. 50℃로 녹인 밀크 초콜릿과 카카오 마스를 6에 넣어 거품기로 섞는다.[*3]

D. 캐러멜 누아제트

누아제트(헤이즐넛)	350g
설탕	115g

E. 표면 장식용 가나슈

생크림(35%) : 스위트 초콜릿 = 1 : 1

Tips

*[1] 설탕과 노른자가 2 : 1인 파트 아 봉브의 경우, 노른자를 어느 정도 휘핑한 다음 시럽을 천천히 넣는 것이 좋다.

*[2] 파트 아 봉브의 온도가 체온 이하로 낮아지면 덩어리지기 쉬우므로 반드시 온도를 유지한다.

*[3] 밀크 초콜릿은 일반 초콜릿보다 조금 낮은 온도인 50℃에서도 작업성이 좋다.

D. 캐러멜 누아제트

1. 냄비에 설탕과 약간의 물을 넣고 121℃까지 시럽을 끓인다.

2. 오븐에 구워 껍질을 벗긴 누아제트를 1의 시럽에 넣고 표면에 흰 결정이 생길 때까지 나무주걱으로 잘 섞어준다.*[1]

3. 다시 불에 올려 섞으면서 누아제트를 캐러멜화시킨다.

Tips

*[1] 일단 한번 결정화시킨 다음 캐러멜화시키면 전체적으로 골고루 캐러멜화가 된다.

E. 표면 장식용 가나슈

1. 끓인 생크림을 잘게 자른 스위트 초콜릿에 넣어 섞는다.

마무리

1. 철판에 실패트를 깔고 가나슈로 나무테 모양을 그린 다음 굳힌다.

2. 1의 실패트 위에 카트르를 얹고 무스 프랄리네를 넣어 평평하게 편 다음 잘게 썬 캐러멜 누아제트를 고루 뿌린다.

3. 그 위에 비스퀴 쇼콜라를 깔아 급속냉동시킨다.

4. 무스 쇼콜라를 넣어 평평하게 편 다음 비스퀴 쇼콜라를 덮어 급속냉동시킨다.

5. 굳으면 윗면의 실패트를 깨끗하게 떼어낸 다음 녹기전에 재빨리 나파주를 바른다.

쁘렝땅 Printemps

프랑스어로 봄이라는 뜻.
봄이 제철인 체리 무스의 상큼함과 아몬드 무스의 고소함이 자연스럽게 어울리는 과자

쁘렝땅 Printemps

┃직경 6cm, 높이 4cm 원형 세르클 120개분┃

A. 비스퀴 퀴이에르

※263페이지 참조

B. 비스퀴 조콩드

※265페이지 참조

C. 무스 스리즈

그리오트 퓌레	665g
그리오트 콩상트레	250g
(Concentree griotte 그리오트 농축액)	
레몬즙	92g
젤라틴	32g
이탈리안 머랭	375g
(흰자 125g, 설탕 250g)	
생크림(35%)	1,240g

※ 그리오트(Griotte, 비터 체리) 체리의 일종,
   알이 작고 신맛이 남.

※ 그리오트 콩상트레가 없을 경우 그리오트 퓌레로 대체하고 그리오트 체리 (술에 담가놓은 체리)를 잘게 썰어 첨가함.	
그리오트 퓌레	915g
레몬즙	92g
젤라틴	32g
이탈리안 머랭	375g
생크림	1,240g
그리오트 체리	적당량

D. 무스 다망드

레 다망드	752g
(Lait d'amandes 아몬드 밀크)	
우유	1,000g
노른자	18개
설탕	200g
젤라틴	44g
생크림(35%)	1,268g

A. 비스퀴 퀴이에르

1. 3×3cm 크기로 잘라둔다.

B. 비스퀴 조콩드 (진한 핑크색, 사선모양 데코르)

1. 너비 2.8cm의 띠 모양으로 잘라둔다.

C. 무스 스리즈 (체리 무스)

1. 찬물에 불린 젤라틴의 물기를 없애고 볼에 넣어 녹인다.

2. 그리오트 퓌레, 그리오트 콩상트레, 레몬즙을 섞어 차가운 상태로 1의 젤라틴에 조금씩 넣으면서 거품기로 섞는다. 섞는 도중 굳을 기미가 보이면 열을 가해 녹여준다.

3. 휘핑한 생크림에 이탈리안 머랭을 넣어 거품기로 섞는다.

4. 2의 퓌레가 걸쭉하게 되면 3에 넣어 거품기로 섞는다. 특히 그리오트는 산이 강하므로 걸쭉할 정도까지 굳었을 때 섞어 주는 것이 중요하다.

D. 무스 다망드 (아몬드 무스)

1. 볼에 노른자, 설탕을 넣어 섞은 후 우유를 20% 섞는다.

2. 냄비에 아몬드 밀크와 나머지 우유를 넣고 끓인다.

3. 1의 노른자를 2에 조금씩 넣으면서 거품기로 잘 섞는다.

4. 다시 강한 불에서 거품기로 섞으면서 84℃까지 온도를 올려준 다음 불에서 내린다.

5. 물에 불려놓은 젤라틴을 넣어 녹인 후 얼음물에서 식힌다.

6. 약간 걸쭉하게 끈기가 생기면 단단하게 휘핑한 생크림에 넣어 섞는다.

E. 나파주	
그리오트 퓌레	600g
물엿	80g
펙틴(잼베이스)	16g
설탕	120g

F. 충전용 재료
그리오트

E. 나파주

1. 퓌레와 물엿을 끓인다.

2. 설탕과 섞어둔 펙틴을 1에 넣어 섞는다.

마무리(거꾸로 뒤집어 만드는 방법)

1. 철판 위에 OPP지를 깐다.

2. 원형 세르클에 무스용 필름을 깔고, 그 안쪽에 2.8㎝ 너비로 잘라놓은 비스퀴 조콩드를 두른 다음 세르클을 뒤집어 1의 철판 위에 놓는다.

3. 먼저 무스 스리즈를 세르클의 1/2까지 짜고 그리오트를 2~3개 넣은 다음 급속냉동시킨다.

4. 그 위에 무스 다망드를 짜고 비스퀴 퀴이예르로 덮어 급속냉동시킨다.

5. 무스가 굳으면 나파주를 바르고 세르클을 벗겨낸다.

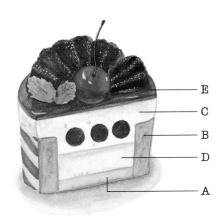

E
C
B
D
A

무스 피스타슈 Mousse pistache

푸릇푸릇 연두색의 피스타치오 무스와 초콜릿 무스가 색은 물론 맛으로도 잘 어울리는 과자

무스 피스타슈 Mousse pistache

┃ 직경 6cm, 높이 4cm 원형 세르클 120개분 ┃

A. 비스퀴 퀴이예르 쇼콜라

※ 263페이지 참조

B. 비스퀴 조콩드

※ 265페이지 참조

C. 무스 피스타슈

우유	1,578g
피스타치오	79g
노른자	236g
설탕	315g
젤라틴	42g
피스타치오 페이스트	263g
생크림(35%)	1,263g

D. 무스 쇼콜라

노른자	218g
계란	182g
설탕	255g
젤라틴	12.15g
생크림(35%)	913g
초콜릿 (코코아 함량 55%)	639g

E. 충전용 재료

프랑부아즈

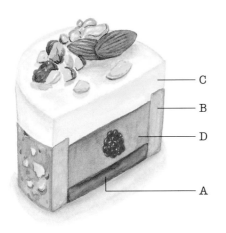

A. 비스퀴 퀴이예르 쇼콜라

1. 3×3cm 크기로 잘라둔다.

B. 비스퀴 조콩드

1. 잘게 다진 피스타치오와 헤이즐넛을 철판 1장당 각각 35g씩 비스퀴 조콩드 위에 뿌려 굽는다.

C. 무스 피스타슈(피스타치오 무스)

1. 볼에 노른자, 설탕을 넣어 섞은 후 우유를 20% 섞는다.

2. 냄비에 나머지 우유와 잘게 다진 피스타치오를 넣어 끓인다.

3. 1의 노른자를 2에 조금씩 넣으면서 거품기로 잘 섞는다.

4. 다시 강한 불에서 거품기로 섞으며 84℃까지 온도를 올려준 다음 불에서 내린다.

5. 물에 불려놓은 젤라틴을 넣어 녹이고 피스타치오 페이스트를 섞은 다음 얼음물에 식힌다.

6. 약간 걸쭉하게 끈기가 생기면 단단하게 휘핑한 생크림에 넣어 섞는다.

D. 무스 쇼콜라(초콜릿 무스)

1. 노른자와 계란을 풀어 약간 거품을 낸다.

2. 설탕과 설탕의 1/3 분량인 물을 넣고 121℃까지 시럽을 끓인다.

3. 끓인 시럽을 1의 노른자에 천천히 부으면서 믹서로 휘핑한다.

4. 체온 정도로 식을 때까지 계속 고속으로 휘핑하면서 완전히 휘핑된 파트 아 봉브를 만든다.

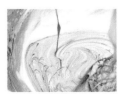

5. 찬물에 불려 녹인 젤라틴을 4에 섞는다.

6. 휘핑한 생크림과 섞는다.

7. 50~55℃로 녹인 초콜릿을 6에 넣고 거품기로 섞는다.

마무리

1. 철판 위에 OPP필름을 깐다.

2. 원형 세르클에 무스용 필름을 깔고, 그 안쪽에 2.8cm 너비로 잘라놓은 비스퀴 조콩드를 두른 다음 세르클을 뒤집어 1의 철판 위에 놓는다.

3. 먼저 무스 피스타슈를 세르클의 1/2까지 짜고 급속냉동시킨다.

4. 냉동 프랑부아즈를 1개 올리고 무스 쇼콜라를 짠다.

5. 그 위에 비스퀴 퀴이예르 쇼콜라를 덮어 급속냉동시킨다.

6. 무스가 굳으면 나파주를 바르고 세르클을 벗겨낸다.

프로방스 Provence

헤이즐넛 무스와 전나무꿀 무스가 꿀, 아몬드, 오렌지 등의 산지로 유명한
프랑스의 프로방스 지방을 떠올리게 하는 과자

프로방스 Provence

| 7×36cm, 높이 4cm 카트르 13개분 |

A. 다쿠아즈 누아제트

슈거 파우더	500g
아몬드 파우더	375g
누아제트 파우더	375g
중력분	150g
흰자	873g
설탕	126g

B. 무스 누아제트

노른자	225g
설탕	270g
젤라틴	24g
생크림(35%)	1,350g
파트 드 누아제트	570g
(무가당 헤이즐넛 페이스트)	

C. 무스 미엘 사판

전나무꿀	840g
흰자	600g
설탕	24g
젤라틴	68g
생크림	1,440g
누아제트	240g
(로스트해서 잘게 다짐)	

※ 전나무꿀 : 서양에서는 '허니듀'로 시판되는데 꿀은 갈색이며 특별한 냄새나 향은 없다.

A. 다쿠아즈 누아제트

1. 믹서 볼에 흰자를 넣고 거품기로 80%까지 휘핑한다.

2. 1에 설탕을 한번에 넣고 휘핑해 튼튼한 머랭을 만든다.

3. 슈거 파우더, 아몬드 파우더, 누아제트 파우더, 중력분을 넣고 손으로 섞는다.

4. 철판(36×52cm)에 실패트를 깔고 장당 745g씩 반죽을 편 다음 표면에 슈거 파우더를 뿌린다.

5. 180/200℃의 오븐에서 공기구멍을 열고 약 16~17분간 굽는다.

B. 무스 누아제트(헤이즐넛 무스)

1. 노른자를 풀어 약간 거품을 낸다.

2. 설탕과 설탕의 1/3 분량인 물을 넣고 121℃까지 시럽을 끓인다.

3. 끓인 시럽을 1의 노른자에 천천히 부으면서 믹서로 휘핑한다.

4. 체온 정도로 식을 때까지 계속 고속으로 휘핑하면서 완전히 휘핑된 파트 아 봉브를 만든다.

5. 찬물에 불려 녹인 젤라틴을 4에 섞는다.

6. 단단하게 휘핑한 생크림과 섞는다.

7. 파트 드 누아제트를 넣어 섞는다.

8. 철판 위에 36×48cm 카트르를 올리고 다쿠아즈 누아제트를 같은 크기로 잘라 깐 다음 무스를 부어 급속냉동시킨다.

9. 굳으면 6×36cm로 자른다.

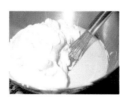 

C. 무스 미엘 사판(전나무 꿀 무스)

1. 믹서 볼에 흰자와 설탕을 넣고 하얗게 될 때까지 휘핑한다.

2. 1을 고속으로 휘핑하면서 130℃까지 끓인 전나무꿀을 빨리 붓는다.

3. 꿀을 다 넣고 나면 체온 정도가 될 때까지 중속에서 휘핑한다.

4. 다시 믹서를 고속으로 높여 단단한 이탈리안 머랭을 만든 다음 찬물에 불려 녹인 젤라틴을 섞는다.

D. 표면 장식용 재료

쿠앵트로 (오렌지 리큐르)	85g
오렌지 필	200g
슬라이스 아몬드(로스트)	480g
피스타치오	적당량

E. 나파주

나파주 : 꿀 = 2 : 1

5. 휘핑한 생크림을 섞는다.

6. 잘게 다진 누아제트와 표면 장식용 재료에서 남은 오렌지 필,
   아몬드 슬라이스 등을 넣어 섞는다.

마무리(거꾸로 뒤집어 만드는 방법)

1. 철판에 OPP필름을 깔고 카트르(7×36㎝)를 올린다.

2. 필름 위에 반으로 자른 피스타치오를 간격을 두고 놓는다.

3. 쿠앵트로에 담가둔 오렌지필, 슬라이스 아몬드 순으로 나열한다.

4. 무스 미엘 사판을 카트르의 1/2까지 채우고 평평하게 편 다음 잘라놓은
   무스 누아제트를 넣는다. 이때 다쿠아즈 누아제트가 위로 오도록 넣는다.

5. 다시 무스 미엘 사판을 넣어 평평하게 편 후 7×36㎝로 잘라 놓은
   다쿠아즈 누아제트를 덮어 급속냉동시킨다.

6. 표면에 꿀을 섞은 나파주를 바르고 카트르를 벗겨낸다.

페슈 미뇽 Pêche mignon

복숭아의 매력이 새콤한 그로제유로 한층 더해지는 핑크빛 과자

페슈 미뇽 Pêche mignon

┃ 직경 6cm, 높이 4cm 원형 세르클 120개분 ┃

A. 비스퀴 퀴이에르

※ 263페이지 참조

B. 비스퀴 조콩드

※ 265페이지 참조

C. 무스 페슈

붉은 복숭아 퓌레	1,663g
레몬즙	84g
리큐르 페슈(복숭아 리큐르)	333g
젤라틴	56g
이탈리안 머랭	414g
(흰자 138g, 설탕 276g)	
생크림(35%)	666g

D. 무스 그로제유

그로제유 퓌레	790g
30°B 시럽	210g
레몬즙	24g
젤라틴	32g
이탈리안 머랭	474g
(흰자 158g, 설탕 316g)	
생크림(35%)	790g

E. 충전용 재료

그로제유(레드 커런트)

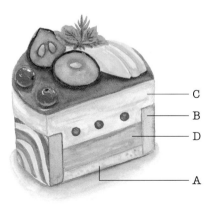

A. 비스퀴 퀴이에르

1. 3×3cm 크기로 잘라둔다.

B. 비스퀴 조콩드(핑크색, 물결무늬 데코르)

1. 너비 2.8cm의 띠 모양으로 잘라둔다.

C. 무스 페슈(복숭아 무스)

1. 찬물에 불린 젤라틴의 물기를 없애고 볼에 넣어 녹인다.

2. 붉은 복숭아 퓌레, 리큐르 페슈, 레몬즙을 섞어 차가운 상태로
   1의 젤라틴에 조금씩 넣으면서 거품기로 섞는다.
   섞는 도중 굳은 기미가 보이면 열을 가해 녹여준다.[1]

3. 휘핑한 생크림에 이탈리안 머랭을 넣어 거품기로 섞는다.

4. 2의 퓌레가 걸쭉하게 굳기 시작할 때 3에 넣어 거품기로 섞는다.[2]

Tips

[1] 리큐르 페슈는 되도록 농축액의 함유량이 높은 것을 사용한다.
복숭아 자체의 맛이 약하므로
리큐르로 복숭아 향을 살려주어야 한다.

[2] 퓌레가 걸쭉하게 되는 상태가 중요하다.
묽을 때 섞게 되면 나중에 무스가 분리되는 원인이 된다.

D. 무스 그로제유(레드 커런트 무스)

1. 찬물에 불린 젤라틴의 물기를 없애고 볼에 넣어 녹인다.

2. 그로제유 퓌레, 30°B 시럽, 레몬즙을 섞어 차가운 상태로 1의 젤라틴에
   조금씩 넣으면서 거품기로 섞는다. 섞는 도중 굳은 기미가 보이면 열을
   가해 녹여준다.

3. 휘핑한 생크림에 이탈리안 머랭을 넣어 거품기로 섞는다.

4. 2의 퓌레가 걸쭉하게 굳어지기 시작할 때 3에 넣어 거품기로 섞는다.

마무리(거꾸로 뒤집어 만드는 방법)

1. 철판 위에 OPP필름을 깐다.

2. 원형 세르클에 무스용 필름을 깔고, 그 안쪽에 2.8㎝ 너비로 잘라놓은
   비스퀴 조콩드를 두른 다음 세르클을 뒤집어 1의 철판 위에 놓는다.

3. 무스 페슈를 세르클의 1/2까지 채우고 냉동 그로제유 3개와
   비스퀴 퀴이예르를 올려 급속냉동시킨다.

4. 무스 그로제유를 짜고 그 위에 비스퀴 퀴이예르를 덮어 급속냉동시킨다.

5. 무스가 굳으면 나파주를 바르고 세르클을 벗겨낸다.

에디오피아 Ethiopia

▌ 쓱쓱한 커피맛과 고소한 호두맛이 잘 어울리는 과자

에디오피아 Ethiopia

Petits Gâteaux

▌36×57㎝, 높이 4.5㎝ 카트르 2개분▐

A. 비스퀴 조콩드 카페

T.P.T	1,150g
박력분	163g
계란	750g
버터	125g
흰자	500g
커피 농축액(트라블리)	45g

B. 베이스

우유	1,500g
노른자	900g
설탕	1,390g
젤라틴	84g

C. 무스 누아

B의 베이스	2,020g
파트 드 누아	600g
(무가당 호두 페이스트)	
생크림(35%)	1,350g

D. 무스 카페

B의 베이스	2,020g
커피 농축액(트라블리)	104g
생크림(35%)	1,350g

E. 캐러멜리제 누아

호두	480g
설탕	280g

A. 비스퀴 조콩드 카페

1. 믹서볼에 T.P.T와 박력분을 골고루 섞은 다음 계란양의 1/2을 넣고 비터로 섞는다.

2. 나머지 계란을 조금씩 넣어가며 반죽에 끈기가 생길 때까지 섞어준다.

3. 체온 정도의 녹인 버터를 넣고 손으로 섞는다.

4. 흰자에 커피 농축액을 넣고 휘핑한 머랭을 넣어 손으로 섞어준다.

5. 철판 한 장당 610g의 반죽을 평평하게 펴서 260/240℃ 오븐에 5~6분간 굽는다.

B. 베이스

1. 볼에 노른자, 설탕을 넣어 섞은 후 우유를 20% 섞는다.

2. 나머지 우유를 끓여 1에 조금씩 넣으면서 거품기로 잘 섞는다.

3. 다시 강한 불에서 거품기로 섞으면서 84℃까지 온도를 올려준 다음 불에서 내린다.

4. 물에 불려놓은 젤라틴을 넣어 녹인 다음 얼음물에 식힌다.

C. 무스 누아(호두 무스)

1. 베이스(B)에 파트 드 누아를 섞는다.

2. 1을 휘핑한 생크림에 넣어 섞는다.

D. 무스 카페(커피 무스)

1. 베이스(B)에 커피 농축액을 섞는다.

2. 1을 휘핑한 생크림에 넣어 섞는다.

E. 캐러멜리제 누아

1. 설탕의 1/3 분량인 물과 설탕을 냄비에 넣고 121℃까지 시럽을 끓인다.

2. 호두를 1의 시럽에 넣고 표면에 흰 결정이 생길 때까지 나무주걱으로 섞는다.

3. 다시 불을 켜고 섞으면서 호두를 캐러멜화시킨다.

4. 거의 캐러멜화되면 물을 약간 넣어 전체를 골고루 섞은 다음
   다시 원하는 색깔까지 캐러멜화시킨다.*1

Tips

*1 호두는 표면이 울퉁불퉁하므로 물을 조금 넣어주면 캐러멜이 녹으면서 속까지 골고루
   캐러멜이 들어가게 된다.

마무리(거꾸로 뒤집어 만드는 방법)

1. 철판에 OPP필름을 깔고 카트르를 올린다.

2. 무스 노아를 1/2 가량 채우고 평평하게 편 다음 캐러멜화시킨 호두를
   잘라 골고루 뿌린다.

3. 비스퀴 조콩드 카페를 깔고 급속냉동시킨다.

4. 다시 그 위에 무스 카페를 넣어 평평하게 편 다음 비스퀴 조콩드 카페를
   덮어 급속냉동시킨다.

임페리얼 Imperial

▌초콜릿 타르트 위에 수플레 타입의 초콜릿 케이크, 그리고 가나슈가 올려진 귀여운 과자

임페리얼 Imperial

| 직경 6cm, 높이 4cm 타원형 세르클 120개분 |

A. 파트 쇼콜라

※ 268페이지 참조

B. 수플레 쇼콜라

초콜릿	1,080g
(코코아 함량 64%)	
우유	1,080g
콘스타치	72g
노른자	216g
흰자	720g
설탕	288g

C. 크렘 쇼콜라

우유	1,200g
생크림(35%)	1,200g
노른자	540g
설탕	240g
젤라틴	30g
초콜릿	1,200g
(코코아 함량 64%)	

D. 옆면 장식용 초콜릿

초콜릿 : 파트 아 글라세(양생 초콜릿) = 2 : 1
(코코아 함량 55%)

A. 파트 쇼콜라

1. 반죽을 2mm로 밀어 직경 6cm 원형틀로 찍어낸다.

2. 피케한 다음 180℃ 오븐에서 굽는다.

B. 수플레 쇼콜라

1. 냄비에 우유와 콘스타치를 넣고 거품기로 섞으면서 끓인다.[*1]

2. 끓인 우유를 잘게 썬 초콜릿에 넣고 가나슈를 만든다.

3. 2의 가나슈에 노른자를 넣어 섞는다.

4. 흰자를 약간 하얗게 되게 푼 다음 설탕을 한번에 넣고
   70%정도의 머랭을 만든다.

5. 머랭을 3에 넣으면서 손으로 섞는다.

6. 철판에 실패트를 깔고 안쪽에 쇼트닝을 두껍게 바른 직경 6cm의
   세르클을 올린다.

7. 5의 반죽을 세르클의 약 80%까지 짠다.

8. 180/180℃ 오븐에 공기구멍을 열고 오븐문을 약간 열어놓은 상태에서
   20분간 굽는다.

9. 오븐에서 꺼내 세르클 채로 식힌다.

Tips

[*1] 콘스타치는 보형성을 좋게 해준다.

C. 크렘 쇼콜라

1. 볼에 노른자, 설탕을 넣어 섞은 후 차가운 상태의 우유를 20% 섞는다.

2. 냄비에 나머지 우유와 생크림을 넣고 끓인다.

3. 1의 노른자를 2에 거품기로 잘 섞으면서 조금씩 넣어준다.

4. 다시 강한 불에서 거품기로 섞으면서 84℃까지 온도를 올려준 다음
   불에서 내린다.

5. 물에 불려놓은 젤라틴을 넣어 녹인 다음 잘게 썬 초콜릿에 넣어
   가나슈를 만든다.

마무리(거꾸로 뒤집어 만드는 방법)

1. 식혀둔 수플레 쇼콜라 밑에 구워놓은 파트 쇼콜라를 집어넣는다.

2. 수플레 쇼콜라 위에 세르클 높이까지 크렘 쇼콜라를 짜고
   표면을 고르게 편 다음 급속냉동시킨다.

3. 무스용 필름 위에 사선으로 옆면 장식용 초콜릿을 짠 다음
   세르클을 벗겨낸 수플레 쇼콜라 옆면에 감는다.

4. 둥글게 말린 초콜릿을 올려 장식한다.

하모니 Harmony

백포도주 무스에 귤젤리가 들어있는 깨끗하면서도 향긋한 어른들을 위한 과자

하모니 Harmony

| 직경 6cm, 높이 4cm 원형 세르클 120개분 |

A. 비스퀴 퀴이예르 쇼콜라

※263페이지 참조

B. 비스퀴 조콩드 프랑부아즈

※265페이지 참조

프랑부아즈　　적당량

C. 줄레 만다린

만다린 콩상트레	1,000g
(Concentree mandarin 귤 농축액, 브와롱社)	
만다린 나폴레옹	60g
(귤 리큐르)	
뜨거운 물	720g
30°B 시럽	350g
젤라틴	40g

D. 무스 반 블랑

백포도주	1,320g
레몬즙	198g
노른자	492g
설탕	616g
젤라틴	88g
이탈리안 머랭	660g
(흰자 220g, 설탕 440g)	
생크림(35%)	2,156g

E. 충전용 재료

프랑부아즈

A. 비스퀴 퀴이예르 쇼콜라

1. 3×3cm 크기로 시트를 잘라둔다.

B. 비스퀴 조콩드 프랑부아즈

1. 철판 1장당 잘게 부순 프랑부아즈 55g을 비스퀴 조콩드 반죽 위에
   뿌려 굽는다.

C. 줄레 만다린(귤젤리, 7×36cm 카트르 6개분)

1. 물에 불려놓은 젤라틴에 시럽과 뜨거운 물을 부어 녹인 후
   만다린 콩상트레, 만다린 나폴레옹을 넣어 거품기로 섞는다.

2. 카트르 또는 실리콘 몰드에 부어 냉동시킨다.

D. 무스 반 블랑(백포도주 무스)

1. 볼에 노른자, 설탕을 넣고 섞은 후 백포도주를 약 20% 넣어 섞는다.

2. 냄비에 나머지 백포도주, 레몬즙을 넣고 가열한다.

3. 1의 노른자를 2에 거품기로 잘 섞으면서 조금씩 넣어준다.

4. 다시 강한 불에서 거품기로 섞으면서 84℃까지 온도를 올려준 다음
   불에서 내린다.

5. 물에 불려놓은 젤라틴을 넣어 녹인 다음 얼음물에 식힌다.

6. 이탈리안 머랭과 휘핑한 생크림을 섞는다.

7. 약간 걸쭉하게 끈기가 생기면 6에 넣어 거품기로 섞는다.
   머랭과 생크림을 섞기에 가장 적당한 온도는 32℃이다.

마무리(거꾸로 뒤집어 만드는 방법)

1. 철판 위에 OPP필름을 깐다.

2. 원형 세르클에 무스용 필름을 깔고, 그 안쪽에 2.8cm 너비로 잘라놓은 비스퀴 조콩드 프랑부아즈를 두른 다음 세르클을 뒤집어 1의 철판 위에 놓는다.

3. 무스 반 블랑을 세르클의 1/2까지 짠다.

4. 2.8×2.8cm로 자른 줄레 만다린을 넣고 다시 무스 반 블랑을 짠다.

5. 3×3cm로 자른 비스퀴 퀴이예르 쇼콜라를 덮어 급속냉동시킨다.

6. 무스가 굳으면 세르클을 벗겨낸다.

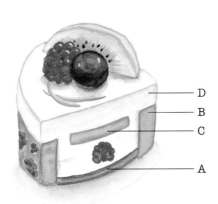

D
B
C
A

플뢰르 드 폼므 Fleur de pomme

프랑스어로 사과꽃이라는 뜻. 고소한 아몬드무스와 상큼한 청사과무스가 어울리는 과자

플뢰르 드 폼므 Fleur de pomme

▎36×57cm, 높이 4.5cm 카트르 2개분 ▎

A. 비스퀴 조콩드 쇼콜라

※ 265페이지 참조

B. 무스 아망드

레 다망드	600g
(Lait d'amandes 아몬드 밀크)	
우유	1,080g
바닐라빈	1개
노른자	372g
설탕	192g
젤라틴	40g
생크림(35%)	1,220g

C. 무스 폼므 베르

청사과 퓌레	1,600g
레몬즙	70g
젤라틴	64g
이탈리안 머랭	670g
(흰자 250g, 설탕 420g)	
생크림(35%)	1,100g

D. 사과 소테

사과	2,000g
설탕	200g
버터	100g

E. 표면 장식용 재료

사과	2개

A. 비스퀴 조콩드 쇼콜라

1. 카트르 1개당 2장의 비스퀴 조콩드 쇼콜라 사용.

B. 무스 아망드(아몬드 무스)

1. 볼에 노른자, 설탕을 넣어 섞은 후 우유를 20% 섞는다.

2. 냄비에 아몬드 밀크, 우유, 바닐라빈을 넣고 끓인다.

3. 1의 노른자를 2에 거품기로 잘 섞으면서 조금씩 넣어준다.

4. 다시 강한 불에서 거품기로 섞으면서 84℃까지 온도를 올려준 다음 불에서 내린다.

5. 물에 불려놓은 젤라틴을 넣어 녹인 다음 얼음물에 식힌다.

6. 약간 걸쭉하게 끈기가 생기면 단단하게 휘핑한 생크림에 넣어 섞는다.

C. 무스 폼므 베르(청사과 무스)

1. 찬물에 불린 젤라틴의 물기를 없애고 볼에 넣어 녹인다.

2. 차가운 상태의 청사과 퓌레, 레몬즙을 1의 젤라틴에 조금씩 넣어주면서 거품기로 섞는다. 퓌레를 넣는 도중 굳은 기미가 보이면 열을 가해 녹여준다.

3. 휘핑한 생크림에 이탈리안 머랭을 넣어 거품기로 섞는다.

4. 2의 퓌레가 걸쭉하게 굳어지려고 할 때 3에 넣어 거품기로 섞는다.

D. 사과 소테

1. 사과는 깍둑썰기를 한다.

2. 냄비에 버터를 넣어 녹인 후 사과와 설탕을 넣고 수분이 없어질 때까지 가열한다.

마무리(거꾸로 뒤집어 만드는 방법)

1. 2장을 겹친 철판위에 베이킹시트를 깔고 1mm로 얇게 썬 사과를 간격을 맞춰 놓는다.

2. 사과 표면에 녹인 버터를 바르고 설탕을 뿌린 다음 150~160℃ 오븐에서 전체적으로 갈색이 될 때까지 굽는다.

3. 식으면 그 위에 카트르를 놓고 무스 아망드를 부어 평평하게 편 다음 비스퀴 조콩드 쇼콜라를 깔아 급속냉동시킨다.

4. 그 위에 무스 폼므 베르를 부어 평평하게 편 다음 소테한 사과를 골고루 뿌리고 비스퀴 조콩드 쇼콜라를 덮어 급속냉동시킨다.

스콜 Squall

▌ 라이치와 파파야로 열대지방을 이미지화 한 과자

스콜 Squall

| 직경 6cm, 높이 4cm 원형 세르클 120개분 |

A. 비스퀴 퀴이예르 쇼콜라

※263페이지 참조

B. 비스퀴 조콩드

※265페이지 참조

C. 무스 라이치

라이치 퓌레	1,200g
레몬즙	33g
젤라틴	42g
이탈리안 머랭 (흰자 210g, 설탕 380g)	590g
생크림(35%)	950g

D. 무스 파파야

파파야 퓌레	795g
30°B 시럽	150g
레몬즙	63g
젤라틴	42g
몬레니온 바닐라 (천연 바닐라 농축액)	2.25g
이탈리안 머랭 (흰자 181g, 설탕 330g)	511g
생크림(35%)	675g

A. 비스퀴 퀴이예르 쇼콜라

1. 3×3cm 크기로 잘라둔다.

B. 비스퀴 조콩드(초콜릿색, 손가락 무늬 데코르)

1. 너비 2.8cm의 띠 모양으로 잘라둔다.

C. 무스 라이치

1. 찬물에 불린 젤라틴의 물기를 없애고 볼에 넣어 녹인다.

2. 차가운 상태의 라이치 퓌레, 레몬즙을 1의 젤라틴에 조금씩 넣어주면서 거품기로 섞는다. 퓌레를 넣는 도중 굳을 기미가 보이면 열을 가해 녹여준다.

3. 휘핑한 생크림에 이탈리안 머랭을 넣어 거품기로 섞는다.

4. 2의 퓌레가 걸쭉하게 되면 3에 넣어 거품기로 섞는다.

D. 무스 파파야

1. 파파야 퓌레와 30°B 시럽을 끓인다. *1

2. 1에 레몬즙과 젤라틴을 섞고 식힌 다음 몬레니온 바닐라를 넣는다.

3. 휘핑한 생크림에 이탈리안 머랭을 넣어 거품기로 섞는다.

4. 2의 퓌레가 걸쭉하게 되면 3에 넣고 거품기로 섞는다.

Tips

*1 파파야에는 파파인이라는 단백질분리 효소가 있어 젤라틴의 응고작용을 방해한다. 따라서 효소가 작용하지 못하도록 가열해서 사용한다.

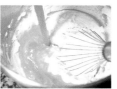

마무리(거꾸로 뒤집어 만드는 방법)

1. 철판 위에 OPP필름을 깐다.

2. 타원형 세르클 옆면에 무스용 필름과 2.8㎝ 너비로 자른 비스퀴 조콩드를
   두른 다음 세르클을 뒤집어 1의 철판 위에 놓는다.

3. 먼저 무스 라이치를 세르클의 1/2까지 짜고 비스퀴 퀴이예르 쇼콜라를
   올려 급속 냉동시킨다.

4. 그 위에 무스 파파야를 짜고 비스퀴 퀴이예르 쇼콜라를 덮어
   급속 냉동시킨다.

5. 무스가 굳으면 나파주를 바르고 세르클을 벗겨낸다.

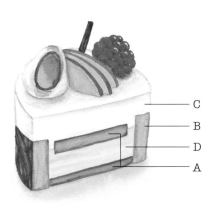

C

B

D

A

피라미드 Pyramide

초콜릿으로 피스톨레한 피라미드 속에 뮤르와즈 무스와 화이트 초콜릿 무스의
화려한 색깔조화가 돋보이는 과자

피라미드 Pyramide

|7×7cm, 높이 7cm 피라미드 틀 100개분 |

A. 다쿠아즈 쇼콜라

※264페이지 참조

B. 아파레유

노른자	94g
30°B 시럽	188g
바닐라빈	1/3개
젤라틴	6g
생크림(35%)	188g
화이트 초콜릿	30g

C. 무스 뮤르와즈

프랑부아즈 퓌레	600g
뮤르(블랙베리) 퓌레	400g
30°B 시럽	250g
레몬즙	50g
젤라틴	51g
이탈리안 머랭	700g
(흰자 233g, 설탕 467g)	
생크림(35%)	1,000g

D. 피스톨레

초콜릿(코코아 함량 55%) : 카카오 버터 = 2 : 1

E. 충전용 재료

프랑부아즈

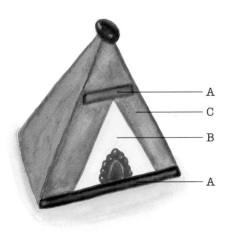

A. 다쿠아즈 쇼콜라

1. 3cm, 7cm 정사각형으로 각각 잘라둔다.

B. 무스 쇼콜라 블랑(화이트 초콜릿 무스)

1. 노른자를 풀어 약간 거품을 낸다.

2. 30°B 시럽과 바닐라빈을 121℃까지 끓인 다음 1에 천천히 부어주면서 믹서로 휘핑한다.

3. 체온 정도로 식을 때까지 계속 고속으로 휘핑하면서 완전히 휘핑된 파트 아 봉브를 만든다.

4. 찬물에 불려 녹인 젤라틴을 3에 섞는다.

5. 휘핑한 생크림을 4에 넣어 섞는다.

6. 50~55℃로 녹인 화이트 초콜릿을 5에 넣어 섞는다.

7. 철판에 필름을 깔고 냉동 프랑부아즈를 간격을 두고 놓은 다음 그 위에 무스를 돔모양으로 짜서 급속냉동시킨다. 또는 삼각형 실리콘 몰드가 있을 경우에는 몰드에 무스를 짜고 프랑부아즈를 넣어 냉동시킨다.

※ 위의 분량이 적어서 만들기 어려울 경우에는 2배의 분량(200개분)을 만들어 냉동보관 후 나누어 사용한다.

C. 무스 뮤르와즈 (뮤르+프랑부아즈의 합성어, 뮤르(Mure=블랙베리))

1. 찬물에 불린 젤라틴의 물기를 없애고 볼에 넣어 녹인다.

2. 프랑부아즈 퓌레, 뮤르 퓌레, 30°B 시럽, 레몬즙을 섞어 1의 젤라틴에 조금씩 넣어주면서 거품기로 섞는다. 섞는 도중 굳을 기미가 보이면 열을 가해 녹여준다.[1]

3. 휘핑한 생크림에 이탈리안 머랭을 넣어 거품기로 섞는다.

4. 2의 퓌레가 걸쭉하게 굳어지려고 할 때 3에 넣어 거품기로 섞는다.

Tips

[1] 프랑부아즈 퓌레와 뮤르 퓌레를 섞어 사용하거나 시판되고 있는 뮤르와즈(Muroise) 퓌레를 같은 분량만큼(1,000g) 사용해도 된다.

D. 피스톨레

1. 초콜릿과 카카오 버터를 50℃로 녹여 스프레이건에 넣는다.

※ 초콜릿과 카카오 버터는 데워서 사용하는 반면 피스톨레하는 물체는 반드시
차게 식혀두어야만 한다.

마무리

1. 피라미드 틀에 무스 뮤르와즈를 2/3정도 짠 다음 3×3㎝으로 자른
   다쿠아즈 쇼콜라를 무스 안으로 눌러 넣는다.

2. 미리 만들어둔 무스 쇼콜라 블랑을 넣고 다쿠아즈 쇼콜라로 덮어
   급속냉동시킨다.

3. 완전히 굳으면 틀에서 꺼내 표면에 피스톨레한다.

Tips

*[1] 냉동 뮤르(블랙베리)가 있을 경우에는 다쿠아즈 쇼콜라 전에 하나씩 넣어준다.

로세 Rocher

마스카르포네 치즈 무스와 초콜릿 커피무스가 어우러진 티라미스를 연상케하는 과자

로셰 Rocher

| 36×57cm, 높이 4.5cm 카트르 3개분 |

A. 다쿠아즈 누아

아몬드 파우더	607.5g
(껍질 포함)	
호두 파우더(껍질 포함)	607.5g
슈거 파우더	1,215g
흰자	1,458g
설탕	486g
건조 흰자	48.6g
호두(통째)	적당량

B. 무스 쇼콜라 레 카페

노른자	270g
설탕	540g
젤라틴	36g
생크림(42%)	4,000g
인스턴트 커피	48g
밀크 초콜릿	2,560g

C. 무스 마스카르포네

노른자	560g
설탕	1,040g
젤라틴	48g
마스카르포네 치즈	2,000g
생크림(35%)	2,000g

A. 다쿠아즈 누아 (철판 6장분)

1. 설탕과 건조 흰자를 잘 섞어둔다.

2. 믹서 볼에 흰자를 넣고 거품기로 80%까지 휘핑한다.

3. 1의 설탕과 건조 흰자를 2에 한번에 넣고 휘핑해 튼튼한 머랭을 만든다.

4. 함께 체 친 가루류를 넣고 손으로 섞는다.

5. 6장의 철판에 실패트를 깔고 3장에는 520g씩 반죽을 덜어 펴준 다음 표면에 슈거 파우더를 뿌린다.

6. 나머지 3장은 1cm 원형 깍지를 이용해 대각선으로 짜고 호두를 골고루 올린 다음 표면에 슈거 파우더를 뿌린다.

7. 180/200℃ 오븐에서 공기구멍을 열고 16~17분간 굽는다.

B. 무스 쇼콜라 레 카페 (밀크 초콜릿과 커피 무스)

1. 노른자를 풀어 약간 거품을 낸다.

2. 설탕과 설탕의 1/3 분량인 물을 넣고 121℃ 시럽을 끓여 1에 천천히 부으면서 믹서로 휘핑한다.

3. 체온 정도로 식을 때까지 계속 고속으로 휘핑하면서 완전히 휘핑된 파트 아 봉브를 만든다.

4. 찬물에 불려 녹인 젤라틴을 3에 섞는다.

5. 인스턴트 커피를 넣고 휘핑한 생크림을 4에 섞는다.

6. 45~50℃로 녹인 밀크 초콜릿을 5에 넣고 거품기로 섞는다.

※ 무스가 완성되었을 때 너무 부드럽다고 생각되는 경우에는 젤라틴양을 조금 더 늘려준다.

C. 무스 마스카르포네 (마스카르포네 치즈 무스)

1. 노른자를 풀어 약간 거품을 낸다.

2. 설탕과 설탕의 1/3 분량인 물을 넣고 121℃ 시럽을 끓여 1에 천천히 부으면서 믹서로 휘핑한다.

3. 체온 정도로 식을 때까지 계속 고속으로 휘핑하면서 완전히 휘핑된 파트 아 봉브를 만든다.

4. 찬물에 불려 녹인 젤라틴을 3에 섞는다.

5. 파트 아 봉브, 90%정도로 휘핑한 생크림, 마스카르포네 치즈를 함께 섞는다.[1]

Tips

[1] 마스카르포네 치즈의 상태가 단단할 경우에는 생크림과 파트 아 봉브를 마스카르포네 치즈쪽에 약간씩 덜어 부드럽게 풀어준 다음 사용한다.

마무리

1. 철판에 카트르를 올리고 펴서 구운 다쿠아즈 누아를 깐다.

2. 무스 쇼콜라 레 카페를 붓고 평평하게 펴서 급속냉동시킨다.

3. 그 위에 무스 마스카르포네를 부어 평평하게 편 다음 짜서 구운
   다쿠아즈 누아를 덮어 급속냉동시킨다.

4. 세르클을 벗겨내고 적당한 크기로 자른 후 표면에 슈거 파우더를 뿌려
   마무리한다.

발렌시아 Valencia

오렌지와 초콜릿은 잘 어울리는 한쌍이다. 오렌지 리큐르인 쿠앵트로로 어른스러운 맛을 냈다.
발렌시아는 스페인 지명으로 오렌지의 대표적인 품종

발렌시아 Valencia

| 36×57cm, 높이 4.5cm 카트르 4개분 |

A. 비스퀴 조콩드 쇼콜라

※ 265페이지 참조

B. 무스 오 쿠앵트로

우유	2,560g
바닐라빈	2개
오렌지 필	1,600g
노른자	1,384g
설탕	1,616g
젤라틴	128g
쿠앵트로	720g
(오렌지 리큐르, 알코올도수 60°)	
생크림(35%)	2,560g

C. 무스 오 쇼콜라

노른자	560g
흰자	280g
설탕	960g
젤라틴	40g
생크림(35%)	2,800g
초콜릿	1,120g
(코코아 함량 55%)	

A. 비스퀴 조콩드 쇼콜라

1. 카트르 1개당 비스퀴 조콩드 쇼콜라 2장 사용.

B. 무스 오 쿠앵트로(오렌지 리큐르 무스)

1. 볼에 노른자, 설탕을 넣어 섞은 후 우유를 20% 섞는다.

2. 냄비에 나머지 우유, 바닐라빈, 5mm로 자른 오렌지 필을 넣고 끓인다.[1]

3. 1의 노른자를 2에 조금씩 넣으면서 거품기로 잘 섞는다.

4. 다시 강한 불에서 거품기로 섞으면서 84℃까지 온도를 올려준 다음 불에서 내린다.

5. 물에 불려놓은 젤라틴을 넣어 녹인 다음 얼음물에 식힌다.

6. 어느 정도 식으면 쿠앵트로를 넣고 다시 식힌다.

7. 식어서 걸쭉하게 되면 휘핑한 생크림에 넣어 섞는다.

Tips

[1] 오렌지 필을 함께 끓이는 이유는 살균을 위해서이다.

C. 무스 오 쇼콜라

1. 노른자와 계란을 풀어 약간 거품을 낸다.

2. 설탕과 설탕의 1/3 분량인 물을 넣고 121℃까지 시럽을 끓인다.

3. 끓인 시럽을 1의 노른자에 천천히 부어주면서 믹서로 휘핑한다.

4. 체온 정도로 식을 때까지 계속 고속으로 휘핑하면서 완전히 휘핑된 파트 아 봉브를 만든다.

5. 찬물에 불려 녹인 젤라틴을 4에 섞는다.

6. 휘핑한 생크림을 5에 넣어 섞는다.

7. 50~55℃로 녹인 초콜릿을 6에 넣고 거품기로 섞는다.

마무리(거꾸로 뒤집어 만드는 방법)

1. OPP필름을 깐 철판 위에 카트르를 올리고 필름 위에 오렌지 필(분량 외)을 골고루 놓는다.

2. 무스 오 쿠앵트로를 넣고 평평하게 편 다음 비스퀴 조콩드 쇼콜라를 깔아 급속냉동시킨다.

3. 다시 그 위에 무스 오 쇼콜라 넣고 평평하게 편 다음 비스퀴 조콩드 쇼콜라를 덮어 급속냉동시킨다.

라 페트 La fête

▌'축제' 라는 뜻으로 화이트초코 무스와 캐러멜의 화려한 맛, 황금색 글라사주가 축제를 연상시킨다

라 페트 La fête

| 직경 6cm, 높이 4cm 원형 세르클 120개분 |

A. 다쿠아즈

※ 264페이지 참조

B. 캐러멜

설탕	400g
생크림(35%)	1,700g
노른자	400g
오렌지 제스트	3.5개분
몬레니온 바닐라 (천연 바닐라 농축액)	2g
젤라틴	14g

C. 무스 쇼콜라 블랑

노른자	630g
30°B 시럽	1,260g
바닐라빈	1.5개
젤라틴	48.6g
생크림(35%)	1,350g
화이트 초콜릿	270g

D. 충전용 재료

오렌지 필	216g
쿠앵트로 (오렌지 리큐르, 알코올 도수 60°)	140g

E. 글라사주

살구 퓌레	500g
물	2,500g
물엿	400g
구연산	5g
설탕	600g
펙틴	150g

A. 다쿠아즈

1. 3.5cm 사각형, 6cm 원형으로 시트를 각각 잘라둔다.

B. 캐러멜

1. 냄비에 설탕을 조금씩 넣으면서 녹인다.

2. 점점 캐러멜화되면서 거품이 한번 끓어올랐다가 가라앉으면 불을 끈다.

3. 데운 생크림을 2에 넣어 섞는다.

4. 볼에 노른자와 오렌지 제스트, 몬레니온 바닐라를 함께 섞은 후 3의 캐러멜과 물에 불린 젤라틴을 넣어 섞는다.

5. 거품기로 섞어주면서 84℃까지 온도를 올려 앙글레즈를 만든다.

6. 바 믹서(bar mixer)로 섞은 후 하루동안 휴지시킨다.

7. 3.5×3.5cm로 자른 다쿠아즈 위에 캐러멜을 돔모양으로 짜서 냉동시킨다.*¹

Tips

*¹ 실리콘 몰드를 이용할 경우 캐러멜만을 짜서 냉동시킨다.

C. 무스 쇼콜라 블랑 (화이트 초콜릿 무스)

1. 노른자, 시럽, 바닐라빈을 볼에 넣고 84℃까지 가열한다.

2. 믹서에 넣어 체온 정도까지 식혀가며 휘핑한다.

3. 찬물에 불려 녹인 젤라틴을 2에 섞는다.

4. 휘핑한 생크림과 섞는다.

5. 50~55℃로 녹인 화이트 초콜릿을 넣어 섞는다.

D. 충전용 재료

1. 5mm로 자른 오렌지 필과 쿠앵트로를 같이 섞어둔다.

E. 글라사주

1. 설탕과 펙틴을 함께 섞어둔다.

2. 살구 퓌레, 물, 물엿, 구연산을 함께 섞어 체온 정도까지 따뜻하게 데운다.

3. 1의 설탕과 펙틴을 조금씩 넣어가면서 2에 섞은 후 끓인다.

마무리(거꾸로 뒤집어 만드는 방법)

1. 철판 위에 OPP필름을 깐다.

2. 원형 세르클 옆면에 무스용 필름을 깔고 먼저 무스 쇼콜라 블랑을 세르클의 2/3까지 짠다.

3. 그 위에 쿠앵트로와 섞은 오렌지 필을 넣고 미리 굳혀둔 B의 캐러멜을 올린 다음 무스 쇼콜라 블랑과 같은 높이가 되게 눌러준다. 이때 다쿠아즈는 아래를 향하게 한다.*¹

4. 직경 6cm 원형으로 자른 다쿠아즈를 덮어 급속냉동시킨다.

5. 무스가 굳으면 세르클을 벗기고 글라사주를 씌운다.*²

Tips

*¹ 쿠앵트로(60˚)가 없을 경우에는 오렌지 필을 무스 쇼콜라 블랑에 넣어 섞는다.
실리콘 몰드에 굳힌 캐러멜은 다쿠아즈 위에 올린 다음 함께 무스에 넣고 눌러준다.

*² 여기서는 글라사주 대신 나파주만을 씌워 마무리했다.

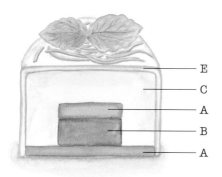

E
C
A
B
A

만다린 로열 Mandarin royal

로열 밀크티를 연상시키는 홍차 바바루아와 만다린 크림이 고급스럽게 어울리는 과자

만다린 로열 Mandarin royal

| 직경 8cm, 높이 2cm 세르클 120개분 |

A. 다쿠아즈

※264페이지 참조

B. 크렘 만다린

만다린 퓌레	250g
오렌지 제스트	3개분
계란	333g
노른자	166g
설탕	50g
버터	500g

C. 바바루아 테

우유	3,800g
다질링	300g
노른자	30개분
설탕	1,000g
젤라틴	97g
이탈리안머랭	900g
(흰자 300g, 설탕 600g)	
생크림(35%)	1,900g

D. 피스톨레

화이트 초콜릿 : 카카오 버터 = 2:1

A. 다쿠아즈

1. 직경 8cm 크기로 시트를 잘라둔다.

B. 크렘 만다린(귤 크림)

1. 볼에 계란과 노른자를 넣고 풀어준 후 설탕을 넣어 덩어리가 생기지 않게 잘 섞는다.

2. 20%정도의 만다린 퓌레를 1에 넣어 섞는다.

3. 냄비에 나머지 만다린 퓌레와 오렌지 제스트를 넣고 끓인다.

4. 3의 퓌레가 끓으면 2에 천천히 부으면서 거품기로 잘 저어준다.

5. 거품기로 저어가면서 다시 크림을 강한불에서 끓인다.

6. 포마드 상태의 버터를 넣고 바 믹서(bar mixer)로 섞는다.

7. 끓인 크림은 밑면적이 넓은 볼에 담고 랩을 씌워 얼음물에서 재빨리 냉각시킨다.

C. 바바루아 테(홍차 바바루아)

1. 볼에 노른자, 설탕을 넣어 섞은 후 우유를 20% 섞는다.

2. 냄비에 우유와 다질링 차잎을 넣고 끓인 후 걸러준다.
   이 때 중량을 재어 3,000g에서 부족한 부분은 우유로 보충한다.

3. 1의 노른자를 2의 끓인 우유에 거품기로 잘 섞으면서 흘려 넣는다.

4. 다시 강한 불에서 거품기로 섞어주면서 84℃까지 온도를 올려주고 불에서 내린다.

5. 물에 잘 불려놓은 젤라틴을 넣어 녹인 후 얼음물에 식힌다.

6. 이탈리안 머랭과 휘핑한 생크림을 섞는다.

7. 5에 약간 걸쭉하게 끈기가 생기게 되면 6에 넣어 거품기로 섞어준다.

D. 피스톨레

1. 화이트 초콜릿과 카카오 버터를 녹여 50℃로 데우고 스프레이건에
   넣는다.

※ 피스톨레의 대상이 되는 물체는 반드시 차게 해 두어야 하는 것에 주의한다.

마무리(거꾸로 뒤집어 만드는 방법)

1. 철판 위에 OPP지를 깐다.

2. 원형의 세르클 옆면에 무스용 필름을 깔고, 바바루아 테를 짜 넣는다.

3. 그 위에 크렘 만다린을 짜넣는다.

4. 그 위에 직경 8㎝로 다쿠아스를 덮어 급속냉동시킨다.

5. 무스가 굳으면 세르클을 벗겨내고 피스톨레 한다.

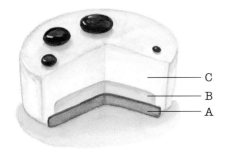

아 라 테트 A la tête

바삭바삭한 아몬드 머랭 사이에 캐러멜크림이 샌드된 고소하고 달콤한 과자

아 라 테트 A la tête

| 직경 6cm, 높이 4cm 세르클 |

A. 머랭 아망드

흰자	150g
설탕	150g
T.P.T	150g
슈거 파우더	62.5g

B. 캐러멜

설탕	1,050g
크렘 두블(더블 크림)	750g

C. 크렘

생크림(42%)	1,000g
B의 캐러멜	240g
슈거 파우더	45g
밤(시럽 절임)	300g

D. 마무리용 재료

파트 아 글라세 (앙생 초콜릿)	500g
식용유	100g
아몬드 다이스(로스트)	100g

A. 머랭 아망드

1. 믹서 볼에 흰자를 넣고 거품기로 80%까지 휘핑한다.

2. 설탕을 한번에 넣고 튼튼한 머랭을 만든다.

3. 섞어둔 T.P.T와 슈거 파우더를 2에 넣고 손으로 섞는다.

4. 철판에 실패트를 깔고 원형 깍지를 이용하여 직경 6cm로 둥글게 짠다.*¹

5. 표면에 슈거 파우더를 뿌린 다음 130/120℃ 오븐에서 공기구멍을 열고 90분간 굽는다.

Tips

*¹ 여기서는 다쿠아즈 틀을 이용. 타원형으로 짜서 구웠다.

B. 캐러멜

1. 냄비에 설탕을 조금씩 넣어가며 녹인다.

2. 점점 캐러멜화되면서 거품이 부글부글 한번 끓어 올랐다가 가라앉으면 불을 끈다.

3. 크렘 두블을 넣어 섞는다.

C. 크렘

1. 생크림에 캐러멜, 슈거 파우더를 넣고 같이 휘핑한다.

2. 밤을 잘게 잘라 휘핑한 크림에 섞는다.

마무리

1. 머랭 아망드 3장을 크렘으로 샌드하고 윗면에는 돔모양으로 크렘을 바른 다음 냉동시킨다.

2. 녹인 파트 아 글라세에 식용유, 아몬드 다이스를 섞어 1에 씌운다.

루주 푸아르 Rouge poire

▌ 붉은 서양배라는 뜻으로 파이 위에 적포도주에 조린 서양배를 올린 과자.

루주 푸아르 Rouge poire

A. 파트 푀이테

※ 268페이지 참조

B. 크렘 파티시에르

※ 269페이지 참조

C. 서양배 콩포트

서양배	적당량
(※신선한 서양배가 없을 경우 통조림으로 대체)	
적포도주	750g
설탕	375g
바닐라빈	1개

D. 장식용 재료

아몬드 슬라이스(로스트)

A. 파트 푀이테(파이 반죽)

1. 사용하고 남은 2번 반죽을 이용한다.

C. 서양배 콩포트

1. 서양배는 껍질을 벗겨 4등분한 다음 안쪽의 씨부분을 깍아낸다.

2. 냄비에 적포도주, 설탕, 바닐라빈, 서양배를 넣고 끓인다.
   서양배의 단단하기에 따라 끓이는 정도를 조절한다.

3. 식으면 시럽에 그대로 담궈 냉장고에 보관한다.

마무리

1. 파트 푀이테를 2mm로 밀어 서양배모양 틀로
   찍어낸 다음 다시 손으로 얇게 펴서 피케한다.

2. 가운데 부분에 크렘 파티시에르를 짜서 굽는다.[*1]

3. 2가 완전히 식으면 다시 크렘 파티시에르를
   짠다.

4. 시럽에서 건져 물기를 닦아낸 서양배 표면에 칼집을 내고
   크렘 파티시에르를 짠 3에 올린다.

5. 서양배 표면에 나파주를 바른 다음 옆면에 로스트한 슬라이스 아몬드를
   묻혀 마무리한다.

Tips

[*1] 일단 한번 구워진 크렘 파티시에르는 서양배에서 나오는 수분이 파이 반죽에 흡수되어
   눅눅해지는 것을 방지하는 역할을 한다.

아브리코 Abricot

▌새콤한 살구 무스 안에 서양배를 넣어 부드러움과 함께 식감을 더한 과자

아브리코 Abricot

┃ 직경 6cm, 높이 4cm 원형 세르클 120개분 ┃

A. 비스퀴 퀴이에르 쇼콜라

※263페이지 참조

B. 비스퀴 조콩드 쇼콜라

※265페이지 참조

C. 서양배 소테

서양배 통조림 (825g, 고형분 460g)	4개
설탕	200g
버터	100g
바닐라빈	2개

D. 무스 아브리코

살구 퓌레	2,000g
레몬즙	80g
젤라틴	75g
이탈리안 머랭 (흰자 300g, 설탕 600g)	900g
생크림(35%)	1,300g

E. 나파주

살구 퓌레	600g
물엿	80g
펙틴(잼베이스)	16g
설탕	120g

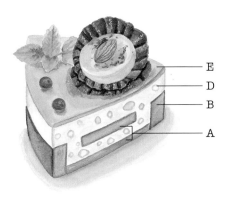

A. 비스퀴 퀴이에르 쇼콜라

1. 3×3cm 크기로 시트를 잘라둔다.

B. 비스퀴 조콩드 쇼콜라

1. 너비 2.8cm의 띠 모양으로 잘라둔다.

C. 서양배 소테

1. 서양배는 깍둑썰기를 한다.

2. 냄비에 버터를 넣어 녹인 후 서양배, 설탕, 바닐라빈을 넣고
   수분이 없어질 때까지 가열한다.

D. 무스 아브리코(살구 무스)

1. 찬물에 불린 젤라틴의 물기를 없애고 볼에 넣어 녹인다.

2. 차가운 상태의 살구 퓌레, 레몬즙을 1의 젤라틴에 조금씩 넣어주면서
   거품기로 섞는다. 퓌레를 넣는 도중 굳기 시작하면 열을 가해 녹여준다.

3. 휘핑한 생크림에 이탈리안 머랭을 넣어 거품기로 섞는다.

4. 2의 퓌레가 걸쭉하게 되면 3에 넣어 거품기로 섞는다.

5. 상온에서 식힌 서양배 소테를 섞는다.[1]

Tips

[1] 살구는 신맛이 강하므로 서양배를 넣어 부드러운 맛을 내준다.

마무리(거꾸로 뒤집어 만드는 방법)

1. 철판 위에 OPP필름을 깐다.

2. 원형 세르클에 무스용 필름을 깔고, 그 안쪽에 2.8㎝ 너비로 잘라놓은
   비스퀴 조콩드 쇼콜라를 두른 다음 세르클을 뒤집어 1의 철판위에 놓는다.

3. 무스 아브리코를 세르클의 1/2까지 짠다.

4. 3×3㎝로 자른 비스퀴 퀴이예르 쇼콜라를 넣고
   다시 무스 아브리코를 짠다.

5. 다시 3×3㎝의 비스퀴 퀴이예르 쇼콜라를 덮어 급속냉동시킨다.

6. 나파주를 바르고 버너로 그을린 살구를 올려 장식한다.

마히마히 Mahi mahi

타히티어로 흰색 열대어 중의 한 종류를 가리킨다. 코코넛무스와 캐러멜의 조화,
하얗게 글라사주를 씌워 흰 열대어를 닮은 남국을 이미지화 한 과자

마히마히 Mahi mahi

┃직경 6cm, 높이 4cm 원형 세르클 120개┃

A. 다쿠아즈 아망드

T.P.T (아몬드 파우더는 껍질 포함)	1,000g
중력분	175g
흰자	1,500g
설탕	375g
건조 흰자	20g

B. 무스 캐러멜

설탕	260g
생크림(35%)	385g
우유	250g
설탕	40g
인스턴트 커피	3g
바닐라빈	1개
젤라틴	35g
생크림(35%)	640g

C. 무스 코코넛

코코넛 퓌레	1,500g
젤라틴	53g
이탈리안 머랭 (흰자 250g, 설탕 500g)	750g
생크림(35%)	2,250g

D. 글라사주

식물성 크림	240g
우유	240g
나파주(DGF社)	120g
물엿	120g
젤라틴	16g

A. 다쿠아즈 아망드

1. 믹서볼에 흰자를 넣고 80%까지 휘핑한다.

2. 섞어둔 설탕과 건조 흰자를 한번에 넣고 튼튼한 머랭을 만든다.

3. 함께 체 친 T.P.T와 중력분을 섞고 철판 1장당 740g의 반죽을 덜어 편다.

4. 표면에 슈거 파우더를 뿌리고 180/220℃ 오븐에서 공기구멍을 열고 17분간 굽는다.

B. 무스 캐러멜(36×42cm 카트르)

1. 냄비에 설탕(260g)을 조금씩 넣으면서 녹인다.

2. 점점 캐러멜화되면서 거품이 한번 끓어올랐다가 가라앉으면 불을 끈다.

3. 다른 냄비에 생크림(385g), 우유, 설탕(40g), 인스턴트 커피, 바닐라빈을 넣어 따뜻하게 데운 다음 바닐라빈 깍지를 건져내고 2의 캐러멜에 넣어 섞는다.*¹

4. 찬물에 불려둔 젤라틴을 넣어 녹인 후 식힌다.

5. 약간 걸쭉하게 되면 휘핑한 생크림(640g)에 넣어 거품기로 섞는다.

6. 카트르 or 실리콘 몰드에 부어 급속냉동시킨다.

Tips

*¹ 차가운 액체를 캐러멜에 넣으면 갑자기 끓어오를 우려가 있으므로 데워준다.

C. 무스 코코넛

1. 찬물에 불린 젤라틴의 물기를 없애고 볼에 넣어 녹인다.

2. 차가운 상태의 코코넛 퓌레를 1의 젤라틴에 조금씩 넣어주면서 거품기로 섞는다. 퓌레를 넣는 도중 굳기 시작하면 열을 가해 녹여준다.

3. 휘핑한 생크림에 이탈리안 머랭을 넣어 거품기로 섞는다.

4. 2의 퓌레가 걸쭉하게 굳어지려고 할 때 3에 넣어 거품기로 섞는다.

D. 글라사주

1. 젤라틴을 제외한 모든 재료를 냄비에 넣고 끓인다.

2. 찬물에 불려둔 젤라틴을 넣어 녹인다.

3. 바 믹서(bar mixer)로 완전히 섞어준다.

※ 글라사주는 미리 많은 양을 만들어 냉장보관해 두었다가 사용할 때 바 믹서로
   섞어쓰면 편리하다.

마무리 (거꾸로 뒤집어 만드는 방법)

1. 철판 위에 OPP필름을 깐다.

2. 원형 세르클 옆면에 무스용 필름을 깔고 먼저 무스 코코넛을
   세르클의 1/2 정도까지 붓는다.

3. 그 위에 3.5×3.5㎝로 자른 무스 캐러멜을 넣고 다시 무스 코코넛을 붓는다.

4. 직경 6㎝ 원형으로 자른 다쿠아즈를 덮어 급속냉동시킨다.

5. 무스가 굳으면 세르클을 벗겨내 글라사주를 씌운 다음 알코올로 농도를
   묽게 조절한 커피 농축액(트라블리)으로 모양을 낸다.

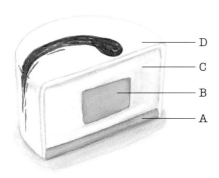

쇼콜라 프랑부아즈 Chocolat framboise

프랑부아즈 무스의 새콤함이 초콜릿 맛을 한층 돋보이게 해준다.
전형적인 두 가지 맛의 무스가 조화를 이룬 과자

쇼콜라 프랑부아즈 Chocolat Framboise

| 직경 6cm, 높이 4cm 원형 세르클 120개분 |

A. 다쿠아즈 쇼콜라

※ 264페이지 참조

B. 비스퀴 조콩드

※ 265페이지 참조

C. 무스 프랑부아즈

노른자	250g
30°B 시럽	500g
프랑부아즈 퓌레	880g
젤라틴	39g
프랑부아즈 리큐르 (Eau de vie Framboise)	72g
생크림(35%)	1,000g

D. 무스 쇼콜라

노른자	250g
30°B 시럽	428g
프랑부아즈 퓌레	120g
젤라틴	12.8g
생크림(35%)	1,000g
초콜릿 (코코아 함량 55%)	942g

E. 나파주

프랑부아즈 퓌레	600g
물엿	80g
설탕	120g
펙틴	16g
(아이코크社의 Jam base)	

A. 다쿠아즈 쇼콜라

1. 2.8, 3.5cm 크기로 시트를 각각 잘라둔다.

B. 비스퀴 조콩드(초콜릿색, 사선 모양 데코르)

1. 너비 2.8cm의 띠 모양으로 잘라둔다.

C. 무스 프랑부아즈

1. 냄비에 노른자와 30°B 시럽을 넣고 거품기로 저으면서 끓인다.

2. 찬물에 불린 젤라틴의 물기를 없애고 볼에 넣어 녹인다.

3. 프랑부아즈 퓌레, 프랑부아즈 리큐르를 차가운 상태로 2의 젤라틴에 조금씩 넣으면서 거품기로 섞는다. 섞는 도중 굳기 시작하면 열을 가해 녹여준다.

4. 휘핑한 생크림과 1을 섞는다.

5. 3의 퓌레가 길쭉하게 굳어지려고 할 때 4에 넣어 섞는다.

D. 무스 쇼콜라

1. 믹서 볼에 노른자와 30°B 시럽을 넣고 거품기로 저어주면서 끓인다.

2. 믹서에 올려 체온 정도로 식을 때까지 계속 고속으로 휘핑하면서 완전히 휘핑된 파트 아 봉브를 만든다.

3. 찬물에 불려 녹인 젤라틴과 프랑부아즈 퓌레를 섞어 2의 파트 아 봉브에 넣어 섞는다.

4. 휘핑한 생크림을 넣어 거품기로 섞는다.

5. 50~55℃로 녹인 초콜릿을 넣고 거품기로 섞는다.

E. 나파주

1. 냄비에 퓌레와 물엿을 넣고 피부온도까지 데운다.

2. 같이 섞어 둔 설탕과 펙틴을 1의 냄비에 넣고 거품기로 저으면서 끓인다.

3. 끓으면 불에서 내린다.

마무리(거꾸로 뒤집어 만드는 방법)

1. 철판 위에 OPP필름을 깐다.

2. 원형 세르클 옆면에 무스용 필름을 깔고, 그 안쪽에 2.8cm 너비로 자른
   비스퀴 조콩드를 두른 다음 세르클을 뒤집어 1의 철판 위에 놓는다.

3. 무스 프랑부아즈를 세르클의 1/2까지 짠다.

4. 2.8cm로 자른 다쿠아즈 쇼콜라를 넣어 급속냉동시킨다.

5. 그 위에 무스 쇼콜라를 짜고 다쿠아즈 쇼콜라를 덮어 급속냉동시킨다.

6. 무스가 굳으면 나파주를 바르고 세르클을 벗겨낸다.

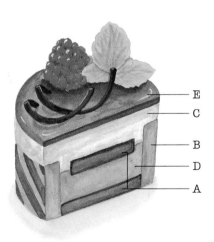

E
C
B
D
A

크렘 누가 Crème nougat

누가와 호두의 고소함이 무겁지 않게 어울려 부담없이 먹을 수 있는 과자

크렘 누가 Crème nougat

한변 6.5cm인 정삼각형,
높이 4cm 삼각형 세르클 120개분

A. 비스퀴 퀴이에르 쇼콜라

※263페이지 참조

B. 비스퀴 조콩드 쇼콜라

※265페이지 참조

C. 무스 누가

노른자	295g
설탕	355g
젤라틴	36g
생크림(35%)	1,765g
누가 크림	45g

(Crème de nougat de Montelimar, DGF社)

D. 무스 드 누아

우유	310g
호두(로스트해서 잘게 썲)	155g
잔두야 레(발로나社)	125g
젤라틴	18g
이탈리안 머랭	160g
(흰자 53g, 설탕 107g)	
생크림(35%)	555g

E. 앵비베용 시럽

30°B 시럽	90g
물	30g
모체로(호두 리큐르)	30g

F. 피스톨레

초콜릿(코코아 함량 55%) : 카카오 버터 = 2 : 1

A. 비스퀴 퀴이에르 쇼콜라

1. 2.8×2.8cm 크기로 시트를 잘라둔다.

B. 비스퀴 조콩드 쇼콜라

1. 너비 2.5cm의 띠 모양으로 잘라둔다.

C. 무스 누가

1. 노른자를 풀어 약간 거품을 낸다.

2. 설탕과 설탕의 1/3 분량인 물을 넣고 121℃까지 끓인 시럽을 1에 천천히 부으면서 휘핑한다.

3. 체온 정도로 식을 때까지 계속 고속으로 휘핑하면서 완전히 휘핑된 파트 아 봉브를 만든다.

4. 찬물에 불려 녹인 젤라틴을 3에 섞는다.

5. 휘핑한 생크림을 섞은 다음 부드럽게 해둔 누가 크림을 섞는다.[1]

Tips

[1] 누가 크림이 단단할 때는 생크림과 파트 아 봉브를 약간씩 덜어 부드럽게 한 다음 사용한다.

D. 무스 드 누아 (호두 무스)

1. 우유와 호두를 끓인다.

2. 잔두야 레를 1에 넣고 가나슈를 만든 후 찬물에 불려놓은 젤라틴을 넣어 녹인다.[1]

3. 이탈리안 머랭과 휘핑한 생크림을 섞는다.

4. 2의 가나슈가 걸쭉해지려고 하면 3에 넣어 거품기로 섞는다.[2]

Tips

[1] 잔두야 레 : 붉은 아몬드와 설탕을 롤러에 간 다음 녹인 밀크 초콜릿을 넣어 전체를 부드러운 페이스트 상태로 만든 것.

[2] 가나슈가 걸쭉해지지 않은 상태에서 섞으면 분리되기 쉬우므로 주의한다.

E. 앵비베용 시럽

1. 재료를 모두 섞는다.

F. 피스톨레

1. 초콜릿과 카카오 버터를 50℃로 녹여 스프레이건에 넣는다.

※ 초콜릿과 카카오 버터는 데워서 사용하는 반면 피스톨레하는 물체는 반드시 차게
  식혀두어야만 한다.

마무리(거꾸로 뒤집어 만드는 방법)

1. 철판 위에 OPP필름을 깐다.

2. 삼각형 세르클에 무스용 필름을 깔고, 그 안쪽에 2.5cm 너비로 잘라놓은
  비스퀴 조콩드 쇼콜라를 두른 다음 세르클을 뒤집어 1의 철판 위에 놓는다.

3. 무스 누가를 세르클의 1/2까지 짠다.

4. 2.8×2.8cm로 자른 비스퀴 쇼콜라를 앵비베용 시럽에 적셔 넣고
  급속냉동시킨다.

5. 무스 드 누아를 짜고 비스퀴 퀴이예르 쇼콜라를 덮어 급속냉동시킨다.

6. 무스가 굳으면 표면에 피스톨레 한 다음 세르클을 벗긴다.

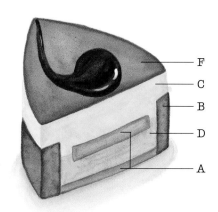

프랑부아제 Framboiser

무화과를 얹은 비스퀴, 프랑부아즈 무스와 바닐라 무슬린 크림으로 묵직하면서도 풍부한 맛을 낸 과자

프랑부아제 Framboiser

| 36 x 57cm, 높이 4.5cm 카트르 2개분 |

A. 비스퀴 카트르 카르 피그

버터	525g
설탕	525g
계란	525g
중력분	525g
건조 무화과	500g

B. 비스퀴 퀴이예르 피그

※263페이지 참조

건조 무화과	500g

C. 무스 프랑부아즈

프랑부아즈 퓌레	680g
젤라틴	41g
이탈리안 머랭	680g
(흰자 280g, 설탕 400g)	
생크림(35%)	800g

D. 무슬린 바니유

계란	5개
노른자	7개분
바닐라빈	1개
설탕	622g
물엿	144g
버터(발효버터)	1,245g
크렘 파티시에르	1,305g

E. 나파주

나파주	800g
물	200g
프랑부아즈 퓌레	200g

F. 충전용 재료

프랑부아즈	1,000g

A. 비스퀴 카트르 카르 피그

1. 믹서 볼에 버터와 설탕을 넣고 비터로 돌린다.

2. 계란을 조금씩 넣으면서 섞는다. 섞는 도중 분리될 것 같으면 중력분을 약간씩 넣어준다.

3. 중력분을 섞는다.

4. 철판 한 장당 1,050g씩 반죽을 덜어 편 다음 1/8크기로 자른 무화과를 얹는다.*¹

5. 200/200℃ 오븐에서 약 12~13분간 굽는다.

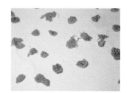

Tips

*¹ 건조 무화과는 물 : 설탕 = 1 : 2 의 시럽에 한번 끓여 건져둔 것을 사용한다.

※ 카트르 카르는 프랑스어로 4/4라는 뜻으로 계란, 설탕, 밀가루, 버터를 각각 1/4씩 배합하여 만든다.

B. 비스퀴 퀴이예르 피그(2장분)

1. 비스퀴 퀴이예르를 철판에 편 다음 1/8크기로 자른 무화과를 얹어 굽는다.

C. 무스 프랑부아즈

1. 찬물에 불린 젤라틴의 물기를 없애고 볼에 넣어 녹인다.

2. 차가운 상태의 프랑부아즈 퓌레를 1의 젤라틴에 조금씩 넣어주면서 거품기로 섞는다. 퓌레를 넣는 도중 굳을 기미가 보이면 열을 가해 녹여준다.

3. 휘핑한 생크림에 이탈리안 머랭을 넣고 거품기로 섞는다.

4. 2의 퓌레가 걸쭉하게 굳어지려고 할 때 3에 넣어 거품기로 섞는다.

D. 무슬린 바니유(바닐라 무슬린 크림)

1. 계란과 노른자를 풀어 바닐라빈(씨만 긁어 사용)을 넣고 약간 거품을 낸다.

2. 설탕과 물엿을 121℃로 끓여 1에 천천히 부어주면서 믹서로 휘핑한다.

3. 체온 정도로 식을 때까지 계속 고속으로 휘핑하면서 완전히 휘핑된 파트 아 봉브를 만든다.

4. 포마드 상태의 발효버터를 조금씩 넣고 비터로 섞어주면서 버터크림을 만든다.

5. 버터크림이 완성되면 식혀놓은 크렘 파티시에르를 조금씩 넣으면서 비터로
   섞는다. 이 때 분리되기 쉬우므로 믹서볼을 버너로 데워가면서 섞어준다.[1]

Tips

[1] 지나치게 데우면 탄력없는 크림이 되어버리므로 주의할 것.

E. 나파주

1. 재료를 모두 섞는다.

※ 나파주는 Jel Fix라는 이름의 펙틴이 든 살구 나파주를 사용.

마무리(거꾸로 뒤집어 만드는 방법)

1. 철판에 카트르를 올리고 바닥부분에 랩을 팽팽하게 씌운다.

2. 랩위에 나파주를 붓고 전체적으로 평평하게 굳힌다.

3. C의 무스 프랑부아즈를 넣어 펴고 그 위에 비스퀴 퀴이에르 피그를 깔아
   급속냉동시킨다.

4. 무슬린 바니유를 1/2정도 넣어 평평하게 편 다음 프랑부아즈 500g을
   무슬린 바니유 속에 골고루 집어넣는다.

5. 나머지 무슬린 바니유를 채우고 팔레트 나이프로 표면을 정리한 후
   비스퀴 카트르 카르 피그를 덮어 급속냉동시킨다.

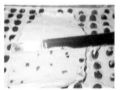

프리츠 쇼콜라 Pritz chocolat

재미있는 식감의 로열틴과 패션프루츠가 맛의 액센트.
과자 이름처럼 윗면에 장식된 초콜릿 프릴이 인상적이다

프리츠 쇼콜라 Pritz chocolat

|직경 8cm, 높이 2cm 세르클 104개분 |

A. 다쿠아즈 쇼콜라

※264페이지 참조

B. 가나슈

화이트 초콜릿	1,216g
생크림(35%)	304g
트리몰린(전화당)	76g
패션프루츠 퓌레	456g

C. 로열틴

화이트 초콜릿	294g
로열틴(파이테 푀이틴)	588g
프랄리네	1,176g

D. 무스 쇼콜라

생크림(35%)	1,814g
초콜릿	907g
(코코아 함량 58%)	

E. 글라사주 쇼콜라

※270페이지 참조

A. 다쿠아즈 쇼콜라

1. 직경 8cm 크기로 시트를 잘라둔다.

B. 가나슈

1. 냄비에 생크림, 트리몰린을 넣고 끓인 다음 잘게 잘라 놓은 화이트 초콜릿에 부어 가나슈를 만든다.

2. 패션프루츠 퓌레를 넣고 바 믹스(bar mixer)로 잘 섞는다.

3. 하루정도 휴지시킨다.*¹

Tips

*¹ 짤 수 있을 정도의 굳기로 만들기 위해서 휴지시킨다.

C. 로열틴

1. 재료를 모두 섞는다.

D. 무스 쇼콜라

1. 생크림을 휘핑한다.

2. 50~55℃로 녹인 초콜릿을 생크림에 넣어 거품기로 섞는다.

마무리

1. 옆면에 무스용 필름을 두른 세르클을 철판 위에 놓는다.

2. 직경 8cm로 잘라놓은 다쿠아즈 쇼콜라를 세르클 밑면에 깐다.

3. 그 위에 로열틴을 20g씩 넣고 포크 등으로 빈틈없이 깔아준다.

4. 로열틴 위에 가나슈를 직경 6cm 정도의 원형으로 짠 다음 냉장고에 잠시 넣어 가나슈를 굳힌다.

5. 무스 쇼콜라를 짜고 팔레트 나이프로 표면을 매끈하게 정리해서 급속냉동시킨다.

6. 윗면에 글라사주 쇼콜라를 바른 다음 세르클을 벗긴다.

7. 프릴 모양의 초콜릿 장식을 올려 마무리한다.

E
D
B
C
A

DEMI-SEC
드미 섹

피낭시에 아망드 Financier amande

아몬드 파우더와 태운 버터를 이용해 금괴 모양 틀에 구운 과자. 태운 버터를 만드는 것이 포인트

피낭시에 아망드 Financier amande

| 60개분 |

피낭시에 아망드

박력분	200g
아몬드 파우더	250g
콘스타치	40g
설탕	600g
흰자	650g
버터	450g

1. 버터를 냄비(스테인리스 or 동냄비)에 넣고 거품기로 저으면서 가열한다.[*1]

2. 표면에 생긴 거품이 갈색으로 변하면 더 이상 색이 변하지 않도록 준비해 둔 찬물에 담근 다음 저으면서 식힌다.[*2]

3. 볼에 버터 이외의 재료를 넣고 거품기로 섞어가면서 체온 정도까지 데운다.[*3]

4. 태운 버터를 3에 넣어 섞는다.

5. 피낭시에 틀에 짜고 240/220℃ 오븐에서 약 12분간 굽는다.

6. 틀에서 뺀 다음 망위에 올려 식힌다.

Tips

[*1,2] 거품기로 저으면서 가열하는 이유는 버터의 입자를 곱게 만들기 위해서이다.

[*3] 가루류(박력분, 아몬드 파우더, 콘스타치)는 미리 체쳐둔다.

피낭시에 누아제트
Financier noisette

▎껍질이 있는 헤이즐넛 파우더로 향과 맛을 한층 더한 피낭시에

▎60개분 ▎

피낭시에 누아제트

박력분	150g
헤이즐넛 파우더	250g
콘스타치	50g
설탕	600g
흰자	650g
버터	500g

1. 버터를 냄비(스테인리스 or 동냄비)에 넣고 거품기로 저으면서 가열한다.

2. 표면에 생긴 거품이 갈색으로 변하면 더 이상 색이 변하지 않도록 준비해 둔 찬물에 담근 다음 저으면서 식힌다.

3. 볼에 버터 이외의 재료를 넣고 거품기로 섞으면서 체온 정도까지 데운다.

4. 태운 버터를 3에 넣어 섞는다.

5. 피낭시에 틀에 짜서 240/220℃ 오븐에서 약 12분간 굽는다.

6. 오븐에서 나오면 틀에서 빼고 망 위에 올려 식힌다.

피낭시에 쇼콜라
Financier chocolat

▌ 코코아 파우더와 태운 버터가 조화를 이룬 초콜릿맛 피낭시에

Demi - sec

▌ 60개분 ▌

피낭시에 쇼콜라

박력분	200g
아몬드 파우더	250g
코코아 파우더	40g
설탕	600g
흰자	650g
버터	450g

1. 버터를 냄비(스테인리스 or 동냄비)에 넣고 거품기로 저어가면서 가열한다.

2. 표면에 생긴 거품이 갈색으로 변하면 더 이상 색이 변하지 않도록 준비해 둔 찬물에 담근 다음 저으면서 식힌다.

3. 볼에 버터 이외의 재료를 넣고 거품기로 섞어가면서 체온 정도까지 데운다.

4. 태운 버터를 3에 넣어 섞는다.

5. 피낭시에 틀에 짜서 240/220℃ 오븐에서 약 12분간 굽는다.

6. 오븐에서 나오면 틀에서 빼고 망 위에 올려 식힌다.

마들렌 Madeleine

프랑스의 대표적 구움 과자 중 하나인 조개 모양의 소형과자

마들렌 Madeleine

| 100개분 |

마들렌

중력분	700g
아몬드 파우더	100g
설탕	432g
소금	8g
베이킹 파우더	12g
계란	720g
몬레니온 바닐라 (천연 바닐라 농축액)	10g
버터(발효버터)	720g
벌꿀	288g

1. 믹서 볼에 중력분, 아몬드 파우더, 설탕, 소금, 베이킹 파우더, 몬레니온 바닐라를 넣고 계란을 조금씩 넣어가며 훅으로 섞는다. 계란을 다 넣은 다음 약 5분 정도 끈기가 생길 때까지 돌려준다.[*1]

2. 냄비에 발효버터와 벌꿀을 넣고 45~50℃로 데운 다음 1의 믹서에 넣고 거품기로 섞는다.[*2]

3. 마들렌틀에 짜고 30분간 휴지시킨다.

4. 180/200℃ 오븐에서 15~16분간 굽는다.

5. 오븐에서 꺼낸 후 바로 뚜껑이 있는 용기에 담아 식힌다.[*3]

Tips

[*1] 훅으로 계속 섞으면 글루텐이 생성된다. 이 과정을 거치는 것은 좀 더 쫄깃쫄깃한 식감을 얻기 위해서다. 주의할 점은 끈기가 생긴 후에도 계속 섞게 되면 나중에 구웠을 때 옆으로 퍼지게 되므로 끈기가 생기는 단계에서 멈추는 것이 포인트. 계란은 실온의 것을 사용한다.

[*2] 반죽을 완전히 유화시켜주는 것이 중요하다. 너무 차가운 반죽은 잘 유화되지 않는다.

[*3] 아몬드 파우더와 버터 양이 적어 건조되기 쉬운 과자다. 따라서 건조를 막아 촉촉한 상태를 유지하기 위해서 뜨거운 상태에서 바로 뚜껑이 있는 용기에 넣는다.

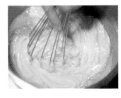  

발렌시아 Valencia

▌오렌지와 아몬드 맛이 어우러진 구움과자. 피낭시에와 만드는 방법은 동일하다

발렌시아 Valencia

| 120개분 |

발렌시아	
흰자	1,125g
설탕	1,125g
아몬드 파우더	420g
중력분	420g
버터	1,125g
오렌지 필	585g
쿠앵트로	70g
(오렌지 리큐르)	

1. 버터를 냄비(스테인리스 or 동냄비)에 넣고 거품기로 저으면서 가열한다.

2. 표면에 생긴 거품이 갈색으로 변하면 더 이상 색이 변하지 않도록 준비해 둔 찬물에 담가 저으면서 식힌다.

3. 볼에 흰자, 설탕, 아몬드 파우더, 중력분을 넣고 거품기로 섞어가면서 체온 정도로 데운다.

4. 2의 태운 버터를 넣어 섞는다.

5. 5mm로 잘게 자른 오렌지 필을 넣어 섞는다.

6. 타르틀레트틀에 종이받침을 깔고 반죽을 짜서 240/230℃ 오븐에 약 13분간 굽는다.

7. 오븐에서 나오면 표면에 쿠앵트로를 바르고 망 위에 올려 식힌다.

갈레트 앙글레즈 Galette anglaise

영국과자란 뜻으로 홍차를 넣어 영국을 연상케 한다. 피낭시에와 만드는 방법은 동일

갈레트 앙글레즈 Galette anglaise

┃ 120개분 ┃

갈레트 앙글레즈

박력분	436g
콘스타치	87.2g
아몬드 파우더	545g
메이플 슈거	1,308g
흰자	1,417g
얼그레이	20g
버터	981g

1. 박력분과 아몬드 파우더는 함께 체 쳐 놓는다.

2. 얼그레이는 잘게 잘라 파우더 상태로 만든다.

3. 버터를 냄비(스텐인리스 or 동냄비)에 넣고 거품기로 섞으면서 가열한다.

4. 표면에 생긴 거품이 갈색으로 변하면 더 이상 색이 변하지 않도록 준비해 둔 찬물에 담가 저으면서 식힌다.

5. 볼에 버터 이외의 재료를 넣고 거품기로 섞어가면서 체온 정도로 데운다.

6. 버터를 5에 넣어 섞는다.

7. 타르틀레트틀에 종이받침을 깔고 반죽을 짜서 240/230℃ 오븐에 약 13분간 굽는다

8. 오븐에서 나오면 틀에서 꺼내 망 위에 올려 식힌다.

코키유 Coquille

▌ 조개껍질이란 뜻의 호두맛 과자. 틀 역시 조개껍질 모양을 사용한다

코키유 Coquille

| 80개분 |

코키유

박력분	292g
호두 파우더	365g
설탕	810g
콘스타치	61g
흰자	948g
잔두야	187g
버터	648g
호두	243g

1. 박력분, 호두 파우더, 콘스타치는 함께 체 쳐 둔다.[*1]

2. 볼에 박력분, 호두 파우더, 설탕, 콘스타치, 흰자를 넣고
   거품기로 섞으면서 가열하여 체온 정도까지 데운다.

3. 버터를 냄비(스테인리스 or 동냄비)에 넣고 거품기로 저으면서 가열한다.

4. 표면에 생긴 거품이 갈색으로 변하면 더 이상 색이 변하지 않도록 준비해
   둔 찬물에 담가 저으면서 식힌다.

5. 태운 버터에 잔두야를 넣어 녹인 후 2에 섞는다.

6. 코키유틀(조개껍질모양)의 1/2 가량 반죽을 짜고 굵게 다진 호두를 넣은
   다음 다시 반죽을 채워 240/230℃ 오븐에서 13~14분간 굽는다.

Tips

[*1] 호두 파우더가 없을 경우는 아몬드 파우더를 사용한다.
아몬드 파우더가 들어있는 반죽은 나중에 수분을 흡수하므로 호두 파우더를 넣었을
때의 반죽 상태보다 단단해질 수도 있다.

샤테뉴 마롱 Châtaigne marron

■ 밤을 이용한 구움과자. 샤테뉴는 밤의 대표적 품종을 가리킨다

샤테뉴 마롱 Châtaigne marron

| 80개분 |

샤테뉴 마롱

박력분	360g
아몬드 파우더	450g
설탕	1,080g
흰자	1,100g
콘스타치	40g
코코아 파우더	30g
몬레니온 바닐라 (천연 바닐라 농축액)	3g
마롱 크림 (Crème de marron, sabaton社)	600g
마롱 페이스트 (Pâte de marron, sabaton社)	300g
버터	800g

1. 버터를 냄비(스테인리스 or 동냄비)에 넣고 거품기로 저으면서 가열한다.

2. 표면에 생긴 거품이 갈색으로 변하면 더 이상 색이 변하지 않도록 준비해 둔 찬물에 담가 저으면서 식힌다.

3. 볼에 버터 이외의 재료를 넣고 거품기로 섞으면서 체온 정도까지 온도를 올린다.[*1]

4. 2의 태운 버터를 넣어 섞은 후 체에 거른다.

5. 밤 모양틀에 짜고 240/230℃ 오븐에서 약 17분간 굽는다.[*2]

6. 오븐에서 나오면 틀에서 꺼내 망위에 올려 식힌다.

Tips

[*1] 마롱 크림과 마롱 페이스트 중 한 종류만을 사용할 경우에는 마롱 크림은 수분기가 많으므로 흰자의 양을 조금 줄이고 마롱 페이스트는 흰자의 양을 조금 더 늘려야한다. 또한 페이스트만 사용할 경우에는 전체 용량(900g) 보다 조금 적게 사용하는 것이 좋다.

[*2] 다른 모양틀을 사용해도 되지만 가능한 한 밤 모양틀에 굽는 것이 보기 좋다.

위크엔드 Weekend

▌ 오렌지 맛의 묵직한 파운드 케이크

위크엔드 Weekend

위크엔드

설탕	660g
중력분	514g
베이킹 파우더	10g
소금	5g
오렌지 제스트	1개분
계란	571g
버터(발효버터)	476g
오렌지 필	476g
그랑 마르니에 (오렌지 리큐르)	48g

1. 설탕, 중력분, 베이킹 파우더, 소금, 오렌지 제스트를 함께 믹서 볼에 넣어 잘 섞는다.

2. 상온에 내놓은 계란을 조금씩 넣으면서 거품기로 섞는다.

3. 상온의 녹인 버터를 섞는다.*¹

4. 그랑 마르니에와 함께 섞어둔 5mm길이의 오렌지 필을 넣어 골고루 섞어준다.

5. 파운드틀 1개당 270g씩 넣어 180/180℃ 오븐에서 약 45분간 굽는다.

6. 구워진 후 뜨거운 열기가 어느 정도 가시면 뚜껑이 있는 용기에 담아 식힌다.

Tips

*¹ 발효버터란 젖산균을 넣어 발효시킨 버터. 진한 향으로 버터의 풍미가 강하게 느껴진다. 태운 버터를 사용하는 제품 이외의 구움과자에는 발효버터를 사용.

※ 재료들의 온도에 주의한다. 모두 상온을 유지시킬 것.

※ 일반적인 슈거 배터법으로 만들어도 되지만 위와 같은 방법으로 만들면 입자가 곱고 무거운 느낌의 파운드 케이크가 만들어진다.

아마레토 Amaretto

살구씨가 원료인 아마레토(리큐르)의 향을 느낄 수 있는 파운드 케이크

아마레토 Amaretto

밑면 19×5.5cm, 윗면 20×7cm,
높이 6.5cm 파운드 틀 11개분

아마레토

설탕	825g
베이킹 파우더	12.5g
소금	6g
중력분	642.5g
계란	714g
사워 크림	250g
아마레토 마스	275g
(비터 아몬드 향이 나는 페이스트)	
버터(발효버터)	345g

※ 아마레토 마스가 없을 경우

설탕	825g
베이킹 파우더	12.5g
소금	6g
중력분	642.5g
계란	714g
버터	345g
사워 크림	388g(250g+138g)
아몬드 파우더	138g
비터 아몬드 에센스	적당량

※ 아마레토 마스 분량(275g) 만큼을 사워 크림(138g)과
아몬드 파우더(138g)에 더해준다.
아몬드 파우더는 가능한 한 신선한 아몬드 파우더를
사용하는 것이 좋다. 가루류를 섞을 때 함께 넣어 섞는다.

1. 볼에 설탕, 베이킹 파우더, 소금, 중력분의 가루류를 넣고 골고루 섞는다.

2. 상온에 내놓은 계란, 사워 크림, 아마레토 마스를 1에 넣으면서 덩어리가
   생기지 않게 거품기로 잘 섞는다.[*1]

3. 상온의 녹인 버터를 넣어 섞는다.[*2]

4. 파운드틀 1개당 270g씩 넣어 180/180℃ 오븐에서 약 45분간 굽는다.

5. 구워지면 틀에서 꺼내 어느 정도 뜨거운 열기를 식힌 다음
   표면이 마르지 않도록 뚜껑이 있는 용기에 담아 완전히 식힌다.

Tips

[*1] 상온의 재료를 사용하는 것이 중요하다. 온도가 너무 낮으면
나중에 녹인 버터를 넣었을 때 버터가 굳어 버려 잘 섞이지 않게 된다.

[*2] 버터의 온도가 너무 높으면 베이킹 파우더가 미리 반응을 일으켜
오븐에서 제대로 기능을 발휘하지 못한다.
따라서 상온 정도로 식힌 버터를 넣어 주는 것이 중요한 포인트.

※ 일반적인 슈거 배터법으로 만들어도 되지만 위와 같은 방법으로 만들면
입자가 곱고 무거운 느낌의 파운드 케이크가 만들어진다.

Demi-sec

크랜베리 쇼콜라 Cranberry chocolat

아몬드 파우더를 듬뿍 사용하고 크랜베리와 초코칩을 넣은 풍부한 맛의 파운드 케이크

크랜베리 쇼콜라 Cranberry chocolat

┃ 파운드틀 10개분 ┃

크랜베리 쇼콜라

아몬드 파우더	640g
슈거 파우더	640g
중력분	160g
베이킹 파우더	8g
계란	800g
노른자	160g
버터(발효버터)	476g
크랜베리(드라이)	240g
초코칩	240g

1. 크랜베리는 끓는 물에 넣어 다시 끓어오르면 건져 물기를 뺀다.

2. 볼에 아몬드 파우더, 슈거 파우더, 중력분, 베이킹 파우더의 가루류를 넣어 섞는다.

3. 상온에 내놓은 계란과 노른자를 조금씩 넣으면서 덩어리가 생기지 않도록 거품기로 잘 섞는다.[1]

4. 상온의 녹인 버터를 넣어 섞는다.[2]

5. 물기를 뺀 크랜베리와 초코칩을 넣어 섞는다.

6. 파운드틀 한 개당 330g의 반죽을 넣어 180/180℃ 오븐에서 약 45분간 굽는다.[3]

7. 구운 다음 뜨거운 열기가 어느 정도 가시면 뚜껑이 있는 용기에 담아 식힌다.

Tips

[1,2] 재료들을 상온의 온도로 유지시켜 주는 것이 가장 중요하다.
반죽의 온도가 높을 경우에는 반죽이 힘없이 처져 버려 크랜베리와 초코칩 등의 내용물이 바닥에 가라앉아 버린다.

[3] 굽는 도중에 칼집을 내주면 윗면이 일정하게 부풀어 오른다.

※ 일반적인 슈거 배터법으로 만들어도 되지만 위와 같은 방법으로 만들면 입자가 곱고 무거운 느낌의 파운드 케이크가 만들어진다.

프루츠 케이크 Fruits cake

▌브랜디향의 건조 과일이 액센트를 주는 파운드 케이크

프루츠 케이크 Fruits cake

파운드틀 10개분	
프루츠 케이크	
아몬드 파우더	429g
슈거 파우더	571g
코코아 파우더	113g
중력분	143g
베이킹 파우더	7g
계란	714g
노른자	143g
버터(발효버터)	429g
프루츠 믹스 (건포도, 오렌지필)	857g

1. 볼에 아몬드 파우더, 슈거 파우더, 코코아 파우더, 중력분,
   베이킹 파우더 등의 가루류를 넣고 잘 섞는다.

2. 상온의 계란과 노른자를 조금씩 넣으면서 덩어리가 생기지 않도록
   거품기로 잘 섞는다.

3. 상온의 녹인 버터를 넣어 섞는다.

4. 수분기를 뺀 프루츠 믹스를 넣어 섞는다.*1

5. 파운드틀 1개당 340g씩 넣어 180/180℃ 오븐에서 약 45분간 굽는다.

6. 구워진 후 뜨거운 열기가 어느 정도 가시면 뚜껑이 있는 용기에 담아
   식힌다.

Tips

*1 프루츠 믹스는 드라이 프루츠 믹스(건포도, 오렌지필 등)를 브랜디에 담가 사용하며
   최소 한달 이상 담가둔 것이 좋다. 기간이 길면 길수록 브랜디향이 배어 맛이 좋다.
   사용할 때는 수분기를 빼고 사용한다.

※ 재료들의 온도에 주의한다. 모두 상온을 유지시킬 것.

※ 일반적인 슈거 배터법으로 만들어도 되지만 위와 같은 방법으로 만들면
   입자가 곱고 무거운 느낌의 파운드 케이크가 만들어진다.

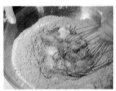
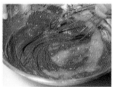
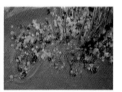

쇼콜라 바나느 Chocolat banane

▌초콜릿과 어울리는 바나나 퓌레가 듬뿍 들어간 초콜릿 파운드 케이크

쇼콜라 바나느 Chocolat banane

| 파운드틀 15개분 |

쇼콜라 바나느

버터(발효버터)	600g
설탕	400g
트리몰린(전화당)	80g
노른자	400g
바나나퓌레	600g
럼	200g
카카오 마스	120g
중력분	270g
케이크 크럼	960g
코코아 파우더	40g
흰자	600g
설탕	300g
※호두(로스트)	768g

1. 믹서 볼에 버터, 설탕(400g), 트리몰린을 넣고 비터로 섞는다.

2. 노른자를 나누어 넣으면서 믹서로 휘핑한다.[1]

3. 바나나 퓌레와 럼을 2에 넣어 섞는다.[2]

4. 50℃로 녹인 카카오 마스를 섞는다.

5. 함께 체 친 중력분, 코코아 파우더, 케이크 크럼을 넣어 비터로 섞어준 다음 믹서에서 내린다.

6. 흰자와 설탕(300g)으로 머랭을 만든다. 우선 흰자를 80%까지 휘핑한 다음 설탕을 한번에 넣고 다시 거품을 내어 튼튼한 머랭을 만든다.

7. 머랭을 5에 넣고 손으로 섞는다.

8. 파운드틀 1개당 320g씩 넣어 160/160℃ 오븐에서 70분간 굽는다. 굽는 동안 공기구멍은 열어둔다.[3]

9. 구워진 후 뜨거운 열기가 어느 정도 가시면 뚜껑이 있는 용기에 담아 식힌다.

Tips

[1, 2] 수분이 많은 배합이므로 분리되기 쉽다.
계란이나 바나나 퓌레를 넣어 섞을 때 수분과 버터가 유화되지 못해 분리될 것 같으면 가루류를 약간 넣어 분리를 방지한다.

[2] 바나나 퓌레는 시판되는 것을 사용해도 되지만 생바나나를 럼과 함께 믹서에 돌려 퓌레 상태로 만들어 사용하는 것이 경제적이다.

[3] 수분이 많은 반죽이므로 오븐의 공기구멍을 열어둔 상태에서 굽는다.

※ 현재 파티스리 박에서는 로스트한 호두를 5번 공정에서 섞어주고, 틀에 채운 반죽 위에도 호두(로스트하지 않은 것, 분량 외)를 올려 굽는다.

누아 Noix

▍호두와 레이즌, 프룬 등이 듬뿍 들어간 슈거 배터법으로 만든 파운드 케이크

누아 Noix

| 파운드틀 15개분 |

누아

버터(발효버터)	765g
설탕	510g
계란	735g
케이크 크럼	1530g
시너먼 파우더	15g
베이킹 파우더	15g
중력분	102g
호두	306g
럼 레이즌	408g
프룬 (Prune, 서양자두 말린 것)	625g
흰자	408g
설탕	204g
토핑용 재료 (호두, 아몬드)	적당량

1. 믹서 볼에 발효버터와 설탕(510g)을 넣고 비터로 섞는다.*¹

2. 계란을 조금씩 넣으면서 섞는다.*²

3. 케이크 크럼, 시너먼 파우더, 베이킹 파우더, 중력분의 가루류를 넣고 비터로 섞는다.

4. 잘게 썬 호두, 럼 레이즌과 4등분 한 프룬(표면의 토핑용을 제외한 나머지)을 넣어 섞는다. *³

5. 흰자와 설탕(204g)으로 머랭을 만든다. 우선 흰자를 80% 상태로 휘핑한 다음 설탕을 한꺼번에 넣고 다시 거품을 내어 튼튼한 머랭을 만든다.

6. 머랭을 4에 넣어 손으로 섞는다.

7. 파운드틀 1개당 310g의 반죽을 넣고 표면에 호두 4개, 반으로 자른 프룬 4개를 얹은 다음 잘게 썬 아몬드를 적당히 뿌려준다.

8. 150/150℃ 오븐에서 공기구멍을 연 상태로 95분간 굽는다.*⁴

9. 구워진 후 뜨거운 열기가 어느 정도 가시면 뚜껑이 있는 용기에 담아 식힌다.

Tips

*¹ 발효버터란 젖산균을 넣어 발효시킨 버터. 진한 향으로 버터의 풍미가 강하게 느껴진다.

*² 수분이 많은 배합이므로 분리되기 쉽다. 계란을 넣어 섞을 때 수분과 버터가 유화되지 못해 분리될 것 같으면 가루류를 약간 넣어 분리를 방지한다.

*³ **럼 레이즌 만드는 법** 끓는 물에 레이즌을 넣고 한번 끓어오르면 건져서 물기를 뺀다. 식으면 레이즌만을 병에 담고 럼을 부어 최소 한달이 지난 후에 사용한다. 담가둔 기간이 오래될수록 맛이 좋아진다.

*⁴ 반죽에 수분이 많으므로 내용물이 가라앉지 않도록 공기구멍을 연 상태로 굽는다.

Demi - sec

다쿠아즈 Dacquoise

바삭거리는 다쿠아즈와 부드러운 버터 크림이 조화를 이룬 과자

다쿠아즈 Dacquoise

Demi-sec

100개분

A. 다쿠아즈

T.P.T	750g
흰자	450g
설탕	150g
건조 흰자	15g

B. 샌드용 버터 크림

버터	300g
이탈리안 머랭 (흰자 100g, 설탕 200g)	300g
파트 드 누아제트 (or 프랄리네)	60g

A. 다쿠아즈

1. 설탕과 건조 흰자를 잘 섞어둔다.*¹

2. 볼에 흰자를 넣고 거품기로 80%까지 휘핑한다.

3. 1의 설탕과 건조 흰자를 한번에 넣고 거품을 올려 단단한 머랭을 만든다.

4. T.P.T를 넣고 손으로 섞는다.

5. 실패트 위에 다쿠아즈 틀을 올리고 반죽을 짠다.

6. 표면을 평평하게 고른 다음 틀의 양옆에서부터 천천히 들어올린다.

7. 표면에 슈거 파우더를 듬뿍 뿌린다.

8. 270/0℃의 오븐에 2분간 구운 후,
   180/180℃의 오븐에서 8~10분간 굽는다.

Tips

*¹ 건조 흰자를 설탕과 잘 섞어두지 않으면 덩어리가 생기기 쉽다.

B. 샌드용 버터 크림

1. 부드럽게 휘핑한 버터에 이탈리안 머랭을 섞는다.

2. 파트 드 누아제트(or 프랄리네)를 섞는다.

마무리

1. 다쿠아즈에 버터크림을 바른 다음 두 장을 겹친다.

가토 브르통 Gâteau bretonne

프랑스 브르타뉴지방의 전통 명과(名菓)로 소금기가 든 둥글고 두툼한 과자. 바삭하게 굽지 않도록 주의한다

가토 브르통 Gâteau bretonne

| 100개분 |

가토 부르통

버터(발효버터)	900g
소금	18g
설탕	750g
노른자	24개분
박력분	300g
중력분	600g

1. 믹서 볼에 포마드 상태의 발효버터, 소금, 설탕을 넣고 비터로 섞는다.[*1]

2. 노른자를 넣어 완전히 유화될 때까지 섞는다.[*2]

3. 체 쳐 놓은 박력분과 중력분을 넣어 손으로 섞는다.[*3]

4. 두께 1cm로 밀어 냉동실에 굳힌다.

5. 적당히 굳으면 직경 5.2cm 세르클로 반죽을 찍어낸 다음 실패트를 깐 철판 위에 간격을 두고 배열한다.

6. 표면에 커피 농축액을 넣은 노른자를 바르고 포크로 선을 그어 모양을 낸다.

7. 안쪽에 쇼트닝을 바른 세르클을 하나씩 씌우고 150/150℃ 오븐에서 약 35~36분간 굽는다.[*4]

8. 오븐에서 나오면 세르클을 벗기고 그대로 식힌다.

Tips

[*1,2,3] 반죽에 되도록 공기가 들어가지 않도록 주의한다.
공기가 들어가면 바삭바삭한 식감이 나게 된다. 단지 섞이는 정도가 적당하다.

[*2] 노른자는 1개당 22g으로 계산.
노른자를 완전히 유화시켜 주지 않으면 가루류를 섞었을때 기름기가 나오게 된다.

[*3] 밀가루는 박력분과 중력분을 1:2의 비율로 사용했지만 제분회사에 따라 식감이 조금씩 달라지므로 조절해서 사용하면 된다.
씹는 느낌이 약하다고 생각되면 중력분의 비율을 높인다.

[*3] 한번 사용하고 남은 2번 반죽은 이 단계에서 가루류와 함께 넣어 섞는다.
2번 반죽은 실온상태의 부드러운 것이어야한다. 단단한 상태의 반죽을 섞게 되면 불필요한 공기가 들어가게 되고 본래의 반죽과도 잘 섞이지 않는다.
버너로 데우게 되면 분리되어 버리므로 주의한다.

[*4] 쇼트닝을 바른 세르클을 씌우는 이유는 가토 브르통은 그대로 구우면 반죽이 퍼져버리는 배합이므로 세르클을 씌워 모양을 잡아줘야 한다.

[*4] 지나치게 구우면 속까지 단단해지기 때문에 굽는 정도에 주의한다.

플로랑탱 Florentin

파트 쉬크레에 고소한 아몬드로 액센트를 준 과자. 식기 전에 자르는 것이 포인트

플로랑탱 Florentin

| 37×57cm 철판 2장분 |

A. 파트 쉬크레

버터	450g
쇼트닝	450g
설탕	500g
계란	250g
박력분	1,500g
베이킹 파우더	5g

B. 아파레유

설탕	145g
꿀	195g
생크림(35%)	215g
버터	360g
아몬드 슬라이스	720g

A. 파트 쉬크레

1. 버터, 쇼트닝, 설탕을 넣고 비터로 섞는다.

2. 계란을 조금씩 넣어가며 섞는다.

3. 함께 체 친 박력분과 베이킹 파우더를 넣어 섞는다.

4. 냉장고에서 하루 정도 휴지시킨다.

5. 두께 5mm로 밀어 철판에 깔고 150/150℃ 오븐에서 연한 갈색이 날 때까지 굽는다.

B. 아파레유

1. 냄비에 설탕, 꿀, 생크림, 버터를 넣고 끓인다.

2. 아몬드 슬라이스를 넣어 섞는다.

마무리

1. 구워 놓은 파트 쉬크레 위에 B의 아파레유를 1장당 800g씩 덜어 평평하게 깐 다음 150/150℃ 오븐에서 표면에 색이 날 때까지 굽는다(약 30분).[1]

2. 구워져 나오면 상하를 뒤집어서 적당한 크기로 자른다.[2]

Tips

[1] 파트 쉬크레에 아파레유를 부을 때는 아몬드 슬라이스가 덩어리지기 쉬우므로 한곳에 부어 펴기보다는 여러 군데에 덜어 펴주는 것이 좋다.

[2] 식으면 아파레유 부분이 깨끗하게 잘리지 않으므로 식기 전에 자르는 것이 좋다.

크로캉 Croquant

바삭바삭하다는 뜻. 아몬드와 헤이즐넛의 고소함이 한층 돋보이는 구움과자

크로캉 Croquant

| 약 48개분 |

크로캉

흰자	140g
슈거 파우더	650g
바닐라 파우더	12g
중력분	200g
아몬드(로스트)	300g
누아제트	100g
(헤이즐넛, 로스트)	

1. 흰자, 슈거 파우더, 바닐라 파우더를 믹서에 넣고 글라스 로열을 만든다.[*1]

2. 1에 중력분을 넣어 섞는다.

3. 로스트한 아몬드와 누아제트를 2에 섞은 다음 너트류가 적당한 크기가 되도록 반죽을 대강 썰어준다.

4. 30g씩 분할해 둥글게 뭉친 반죽을 실패트를 깐 철판 위에 놓고 손가락으로 꾹꾹 누르면서 성형한다.

5. 표면에 계란을 엷게 칠하고 슈거 파우더를 뿌려 150/150℃ 오븐에서 약 38분간 굽는다.

Tips

[*1] 적은 양의 흰자로도 반죽 상태가 달라지므로 정확하게 재서 사용한다.

※ 바닐라 파우더 : 사용한 바닐라빈을 씻어 말려두었다가 믹서로 간 것.

Demi-sec

코코넛 머랭 Coconut meringue

코코넛 파인을 넣어 구운 머랭 과자. 속까지 완전히 건조시켜 바삭바삭한 식감을 즐길 수 있다

코코넛 머랭 Coconut meringue

| 약 350개분 |

코코넛 머랭

흰자	900g
설탕	900g
건조 흰자	37.5g
코코넛 파인	450g
슈거 파우더	825g

〈 속까지 완전히 구워진 상태 〉

1. 설탕과 건조 흰자를 잘 섞어둔다.[*1]

2. 믹서 볼에 흰자와 1의 설탕, 건조 흰자를 넣고 거품기로 저으면서 불 위에서 가열한다.

3. 손가락을 넣어 뜨겁다고 느껴질 정도까지(60℃ 이상) 가열한 다음 믹서로 휘핑해 튼튼한 스위스 머랭을 만든다.[*2]

4. 머랭에 코코넛 파인과 슈거 파우더를 넣어 손으로 섞는다.

5. 철판 3장을 겹친 실패트 위에 10호 원형 깍지를 이용해 반죽을 원뿔 모양으로 높이 짠다.

6. 115/0℃ 오븐에서 공기구멍과 오븐 문을 약간 열고 90분간 구운 후 오븐 스위치를 완전히 끈 상태에서 반나절 정도 넣어둔다.[*3]

Tips

[*1] 건조흰자를 설탕과 잘 섞어두지 않으면 덩어리가 생기기 쉽다.

[*2] 60℃ 이상으로 데우지 않으면 무거워서 머랭의 거품이 잘 올라오지 않는다.

[*3] 저온에서 오래 구워 속까지 잘 익히는 것이 중요하다.
속까지 잘 굽지 않으면 단맛이 강하게 느껴진다.
잘랐을 때 속이 전체적으로 동일한 갈색을 띠는 것이 잘 구워진 것.

리프 파이 Leaf pie

순수한 파이의 맛을 즐길 수 있는 과자. 파이반죽을 나뭇잎 모양으로 잘라 굽는다

리프 파이 Leaf pie

A. 파트 푀이테

버터(발효버터)	900g
중력분	1,000g
소금	10g
물	500g

B. 토핑용 재료

설탕, 우박 설탕

1. 믹서 볼에 주사위 모양으로 자른 버터, 중력분, 소금을 넣고 훅으로 섞는다.

2. 물을 넣어 한 덩어리로 뭉쳐준다.

3. 냉장고에서 30분 정도 휴지시킨다.

4. 3절 2회를 접고 6mm로 민 다음 냉장고에서 30분간 휴지시킨다.[1]

5. 다시 3절 2회를 접고 냉장고에서 30분간 휴지시킨다.[2]

6. 마지막으로 3절 2회를 접은 다음 3mm로 밀어 냉장휴지시킨다.

7. 나뭇잎 모양틀로 찍은 다음 설탕 위에서 밀대로 밀면서 늘인다.

8. 철판에 올려 나이프로 잎맥을 그리고 표면에 우박 설탕을 뿌린다.

9. 160/180℃ 오븐에서 표면의 설탕이 녹지 않게 주의하며 약 30분간 굽는다.

Tips

[1, 2] 냉장고에서 지나치게 휴지를 오래시키면 반죽 안의 버터가 딱딱하게 굳으므로 반죽을 밀어펴기 어렵다. 따라서 30분 이상은 휴지시키지 않는다.
(단, 3번 공정의 반죽은 휴지를 오래 시켜도 된다.)

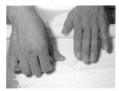

그리에 마롱 Griller marron

구운 밤이라는 뜻으로 파이 안에 아몬드 크림과 밤을 넣어 구운 과자

그리에 마롱 Griller marron

| 직경 7cm 타르트레트틀 120개분 |

A. 파트 푀이테

※ 268페이지 참조

B. 크렘 다망드

※ 270페이지 참조

C. 글라스 로열

흰자 : 슈거 파우더 = 1:5

레몬즙 약간

D. 충전용 재료

시럽에 절인 밤(껍질째)

A. 파트 푀이테

B. 크렘 다망드

1. 부드럽게 풀어둔다.

C. 글라스 로열

1. 모든 재료를 섞는다.

마무리

1. 파트 푀이테를 2mm로 밀어 타르틀레트틀에 깐다.

2. 시럽에 절인 밤을 한 개 넣고 크렘 다망드를 80% 정도 짠 다음 급속냉동시킨다.

3. 표면에 글라스 로열을 바르고 파트 푀이테를 띠모양으로 잘라 그물모양으로 올려놓는다.[1]

4. 180/180℃ 오븐에서 30~35분간 굽는다.

Tips

[1] 틀에 깔고 남은 2번 반죽으로 띠를 만드는데 반죽을 너무 팽팽하게 당기거나 충분히 휴지시키지 않으면 띠모양이 구우면서 줄어들어 버린다.

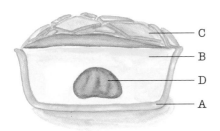

C
B
D
A

키슈 Quiche

프랑스 로렌지방에서 탄생한 것으로
생크림과 계란으로 만든 아파레유에 여러 충전물을 넣은 소금기있는 타르트

키슈 Quiche

┃ 직경 8㎝, 높이 2㎝ 타르트틀 60개분 ┃

A. 파트 브리제

버터	1,000g
중력분	1,000g
소금	20g
설탕	30g
물	400g

B. 아파레유

노른자	13.5개
계란	4.5개
소금	9g
생크림(35%)	1,462g
후추	적당량

C. 충전용 재료

베이컨	400g
파	2단
시금치	1단
피자용 치즈	500g
토마토 통조림	6개
(400g, 고형분 240g)	

A. 파트 브리제

1. 깍둑썰기를 한 버터에 중력분, 소금, 설탕을 넣고 손으로 비비면서 소보로 상태로 만든다.

2. 물을 넣고 한 덩어리로 만든 다음 냉장고에서 휴지시킨다.

B. 아파레유

1. 재료를 모두 섞는다.

C. 충전용 재료

1. 베이컨과 파는 썰어서 같이 볶아둔다.

2. 시금치는 데쳐둔다.

3. 토마토 통조림은 물기를 빼고 살짝 볶아둔다.

마무리

1. 파트 브리제를 두께 2㎜로 밀어 피케한다.

2. 쇼트닝을 바른 타르트틀에 깔고 노른자 또는 계란을 바른다.[*1]

3. 준비한 충전물을 골고루 나누어 넣는다.[*2]

4. 틀의 80%까지 아파레유를 채운다.

5. 180/180℃ 오븐에서 45분간 굽는다.

Tips

[*1] 틀에 깐 반죽은 가능하면 아파레유를 넣기 전에 전체적으로 갈색이 날 때까지 미리 구워 두는 것이 좋다. 또한 구운 반죽일 경우에는 노른자를 바른 다음 오븐에서 살짝 건조시켜 사용한다.

[*2] 충전물은 원하는 재료로 다양하게 변화시킬 수 있다.

사블레 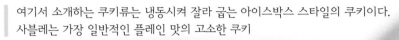Sablé

여기서 소개하는 쿠키류는 냉동시켜 잘라 굽는 아이스박스 스타일의 쿠키이다.
사블레는 가장 일반적인 플레인 맛의 고소한 쿠키

사블레 Sablé

사블레

버터(발효버터)	2,000g
설탕	1,200g
박력분	3,000g

1. 믹서 볼에 발효버터와 설탕을 넣고 하얗게 될 때까지 비터로 돌린다.

2. 박력분을 넣어 섞는다.

3. 반죽을 350g씩 나누고 각 반죽을 작업대 위에서 하얗게 될 때까지 손으로 치댄다.[1]

4. 길이 50㎝의 긴 원통형으로 만들어 종이에 싼 후 냉동한다.

치대기 전의 반죽(좌)과 치댄 후의 반죽(우)

5. 냉동고에서 하루 정도 휴지시킨 다음 꺼내어 표면을 물기가 있는 행주로 닦고 설탕을 묻힌다.

6. 1㎝ 두께로 잘라 철판에 늘어놓은 후 160/150℃ 오븐에서 약 26~30분간 굽는다.

Tips

[1] 손으로 반죽을 치대는 이유는 공기를 집어넣어 사블레를 바삭바삭하게 만들기 위해서 이다. 이 공정을 거치지 않으면 딱딱한 사블레가 된다.

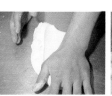

코코 사블레 Sablé coco

아이스박스 스타일 쿠키로 코코넛 향이 은은하게 남는다

코코 사블레 Sablé coco

코코 사블레	
버터(발효버터)	2,000g
설탕	1,200g
박력분	2,500g
코코넛 파인	800g

1. 믹서 볼에 발효버터와 설탕을 넣고 하얗게 될 때까지 비터로 돌린다.

2. 섞어 둔 박력분과 코코넛 파인을 넣어 섞는다.

3. 반죽을 350g씩 나누고 각 반죽을 작업대 위에서 하얗게 될 때까지
   문지른다.

4. 길이 50cm의 긴 원통형으로 만들어 종이에 싼 후 냉동한다.

5. 냉동고에서 하루 정도 휴지시킨 후 꺼내어 표면을 물기가 있는 행주로
   닦고 설탕을 묻힌다.

6. 1cm 두께로 잘라 철판에 늘어놓은 후 표면에 우유를 바르고
   코코넛 파인을 뿌린다.

7. 160/150℃ 오븐에서 약 26~30분간 굽는다.

쇼콜라 사블레 Sablé chocolat

▌아이스박스 스타일 쿠키로 캐슈넛의 씹히는 맛이 일품

쇼콜라 사블레 Sablé chocolat

쇼콜라 사블레

버터(발효버터)	2,250g
슈거 파우더	1,125g
시너먼 파우더	22.5g
캐슈넛 (or 아몬드 슬라이스)	1,100g
박력분	2,940g
코코아 파우더	210g

1. 믹서 볼에 발효버터와 슈거 파우더, 시너먼 파우더를 넣고 하얗게 될 때까지 비터로 돌린다.*1

2. 캐슈넛(or 아몬드 슬라이스)을 넣어 섞는다.*2

3. 같이 섞어 체 친 박력분과 코코아 파우더를 넣어 섞는다.

4. 반죽을 350g씩 나누고 각 반죽을 작업대 위에서 하얗게 될 때까지 문질러준다.

5. 사각형 모양의 틀을 이용해서 모양을 만든 다음 냉동한다.

6. 냉동고에서 하루 정도 휴지시킨 후 꺼내어 표면을 물기있는 행주로 닦고 설탕을 묻힌다.

7. 1cm 두께로 잘라 철판에 늘어놓은 후 160/150℃ 오븐에서 약 26~30분간 굽는다.

Tips

*1 슈거 파우더는 설탕으로 대체해도 된다.

*2 넛트류를 가루류보다 먼저 넣어 섞는다. 나중에 섞게 되면 반죽과 하나로 잘 뭉쳐지지 않고 넛트류가 자꾸 반죽 밖으로 나오게된다.

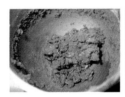  

머캐더미아 사블레 Sablé macadam

아이스박스 스타일 쿠키로 바삭거리는 식감과 머캐더미아넛의 고소함이 잘 어우러진 쿠키

머캐더미아 사블레 Sablé macadam

머캐더미아 사블레	
버터(발효버터)	2,500g
쇼트닝	1,500g
설탕	2,200g
계란	500g
몬레니온 바닐라 (천연 바닐라 농축액)	80g
머캐더미아넛	2,000g
박력분	7,500g

1. 믹서 볼에 발효버터, 쇼트닝, 설탕을 넣고 하얗게 될 때까지 비터로 돌린다.

2. 계란을 조금씩 넣어주면서 비터로 섞는다.

3. 몬레니온 바닐라를 넣어 섞는다.

4. 머캐더미아넛을 넣어 섞고 마지막으로 박력분을 섞는다.

5. 반죽을 370g씩 나누고 각 반죽을 작업대 위에서 하얗게 될 때까지 문질러준다.

6. 길이 50㎝의 긴 정사각형으로 만들어 종이에 싼 후 냉동한다.

7. 냉동고에서 하루 정도 휴지시킨 후 꺼내어 표면을 물기있는 행주로 닦고 설탕을 묻힌다.

8. 1㎝ 두께로 잘라 철판에 늘어놓은 후 표면에 에바밀크(무가당 연유)를 바르고 170/150℃ 오븐에서 약 26~30분간 굽는다.[1]

Tips

[1] 에바밀크(무가당 연유)를 바르면 그 부분만 구운색이 난다. 에바밀크 대신 계란 노른자를 발라도 된다.

프로마주 사블레 Sablé fromage

▌에담치즈의 짭잘한 맛이 이 쿠키의 포인트

프로마주 사블레 Sablé fromage

프로마주 사블레

버터(발효버터)	2,700g
쇼트닝	1,200g
슈거파우더	1,200g
소금	30g
계란	800g
호두	900g
에담 치즈(분말) (or 파르메장 치즈)	2,000g
박력분	7,000g

1. 믹서 볼에 발효버티, 쇼트닝, 슈거 파우더, 소금을 넣고 하얗게 될 때까지 비터로 돌린다.[*1]

2. 계란을 조금씩 넣어주면서 비터로 섞는다.

3. 잘게 썬 호두를 넣어 섞는다.

4. 에담 치즈(or 파르메장 치즈)를 넣어 섞고 마지막으로 박력분을 섞는다.

5. 반죽을 350g씩 나누고 각 반죽을 작업대 위에서 하얗게 될 때까지 문질러준다.

6. 길이 50cm의 긴 원통형으로 만들어 종이에 싼 후 냉동한다.

7. 냉동고에서 하루 정도 휴지시킨 후 꺼내어 표면을 물기있는 행주로 닦고 설탕을 묻힌다.

8. 1cm 두께로 잘라 철판에 늘어놓은 후 160/150℃ 오븐에서 약 26~30분간 굽는다.

Tips

[*1] 슈거 파우더는 설탕으로 대체해도 된다.

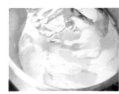  

오트밀 Oatmeal

▌오트밀과 깨의 고소함이 돋보이는 쿠키

오트밀

버터(발효버터)	1,600g
쇼트닝	1,600g
설탕	2,670g
계란	1,330g
오트밀	3,200g
박력분	3,740g
베이킹 파우더	53g
코코아 파우더	110g
토핑용 재료(흰깨, 검은깨)	적당량

1. 믹서 볼에 발효버터, 쇼트닝, 설탕을 넣고 하얗게 될 때까지 비터로 돌린다.

2. 계란을 조금씩 넣어주면서 비터로 섞는다.

3. 함께 섞어둔 오트밀, 박력분, 베이킹 파우더, 코코아 파우더를 넣어 섞는다.

4. 반죽을 세 덩어리로 나누고 철판 위에 1cm 두께로 펴서 냉동시킨다.

5. 반죽이 굳으면 표면에 흰자를 바르고 깨(흰깨, 검은깨를 섞어둠)를 묻힌다.

6. 너비 1cm(길이는 포장용기에 맞게 자름)로 잘라 철판 위에 올린다.

7. 160/150℃ 오븐에서 약 26~30분간 굽는다.

Secs

CHOCOLATS
쇼콜라

캐러멜 쇼콜라 Caramel chocolat

몰드를 이용한 캐러멜맛 봉봉 오 쇼콜라

캐러멜 쇼콜라 Caramel chocolat

150개분	
캐러멜 쇼콜라	
설탕	375g
물엿	63g
생크림(35%)	300g
밀크 초콜릿	375g
트리몰린(전화당)	50g
초콜릿(코팅용)	적당량

봉봉 오 쇼콜라
Bonbon au chocolat

한입 크기의 초콜릿. 여러 가지 맛의 가나슈로 센터를 만들어 초콜릿으로 트랑페(코팅)하거나 몰드에 초콜릿으로 막을 만들어 그 안에 가나슈를 짜넣고 초콜릿으로 뚜껑을 덮어 만드는 제품을 가르킨다.

※ 가나슈 만드는 포인트

1. 가나슈에 공기가 되도록 들어가지 않도록 하는 것이 가장 중요한 포인트가 된다. 공기가 들어가면 딱딱해져 입안에서 부드럽게 녹지 않기 때문이다. 진공에서 작업되는 전용기계를 사용하는 것이 가장 좋겠지만 가격이 비싸므로 소규모 작업장에서는 푸드 프로세서(or 바 믹서)를 이용한다. 전체적으로 매끄럽게 섞이고 나면 필요 이상으로 섞지 말고 그대로 식힌다. 그러나 반대로 완전히 유화시켜주는 것도 중요하다.

2. 만들어진 가나슈는 충분히 휴지시킨다.

몰드를 이용한 방법

센터 만들기

1. 냄비에 물엿과 약간의 설탕을 넣고 가열하면서 설탕을 조금씩 더해주며 녹인다.

2. 점점 캐러멜화되면서 거품이 부글부글 끓어오르다가 가라앉으면 불을 끈다.

3. 데운 생크림을 넣고 다시 한 번 끓여준다.

4. 잘게 자른 밀크 초콜릿과 트리몰린이 담긴 볼에 3을 넣고 거품기로 전체적으로 매끄럽게 될 때까지 섞는다.*1

마무리

1. 틀에 템퍼링된 초콜릿(코팅용)을 채워 약간 굳힌 다음 뒤집어 필요없는 초콜릿은 다시 덜어내고 틀에 초콜릿 막이 씌어지도록 한다.*2

2. 가나슈(센터)를 짜넣고 굳힌다.*3

3. 템퍼링된 초콜릿을 덮어 뚜껑을 만든다.

Tips

*1 지나치게 섞어 필요 이상 공기가 들어가지 않도록 주의한다. 트리몰린은 부드러운 식감과 유화를 도와준다.

*2 트랑페(코팅)하는 초콜릿은 되도록 코코아 함량이 높고 질좋은 초콜릿을 사용한다. 코코아 함량이 높은 초콜릿일수록 얇게 코팅이 되고 가나슈의 맛을 방해하지 않는 고급스런 맛을 내기 때문이다.

*3 가나슈는 짜서 하루 정도 휴지시키는 것이 좋다. 수분이 많아서 뚜껑을 바로 닫으면 곰팡이가 피거나 부스러지는 원인이 된다.

미엘 Miel

벌꿀이 든 가나슈로 달콤함이 강조된 초콜릿

120개분	
미엘(벌꿀)	
생크림(35%)	200g
꿀	133g
초콜릿 (코코아 함량 55%)	367g
밀크 초콜릿	267g
버터	34g
초콜릿(코팅용)	적당량

몰드를 이용한 방법

센터 만들기

1. 볼에 꿀, 잘게 자른 초콜릿, 밀크 초콜릿을 넣고 끓인 생크림을 부어 거품기로 섞는다.

2. 가나슈가 35℃ 정도로 식으면 포마드 상태의 버터를 넣어 전체적으로 매끄럽게 되도록 섞는다.*1

마무리

1. 틀에 템퍼링된 초콜릿(코팅용)을 채워 약간 굳힌 다음 틀을 뒤집어 필요없는 초콜릿은 다시 덜어내고 틀에 초콜릿 막이 씌어지도록 한다.

2. 가나슈(센터)를 짜넣고 굳힌다.

3. 템퍼링된 초콜릿을 덮어 뚜껑을 만든다.

Tips

*1 지나치게 섞어 필요 이상으로 공기가 들어가지 않도록 주의한다.

프랄리네 Praline

프랄리네는 초콜릿과 잘 어울리는 한쌍. 밀크 초콜릿으로 부드러운 식감을 살렸다

| 60개분 |

프랄리네

프랄리네 아망드 누아제트 (아몬드 · 헤이즐넛 프랄리네)	333g
밀크 초콜릿	125g
초콜릿(코팅용)	적당량

몰드를 이용한 방법

센터 만들기
1. 프랄리네와 녹인 밀크 초콜릿을 거품기로 섞는다.

마무리
1. 틀에 템퍼링된 초콜릿(코팅용)을 채워 약간 굳힌 다음 뒤집어
   필요없는 초콜릿은 다시 덜어내고 틀에 초콜릿 막이 씌어지도록 한다.

2. 센터를 짜넣고 굳힌다.

3. 템퍼링된 초콜릿을 덮어 뚜껑을 만든다.

망트 Menthe

산뜻한 민트향이 입안에서 오래도록 남는다

망트 Menthe

┃ 144개분 ┃

망트(민트)	
생크림(35%)	285g
초콜릿 (코코아 함량 55%)	571g
트리몰린(전화당)	60g
민트 리큐르(Jet)	114g
초콜릿(코팅용)	적당량

트랑페(코팅) 하는 방법

센터 만들기

1. 생크림을 끓인다.

2. 잘게 자른 초콜릿을 트리몰린과 함께 볼에 넣고 1의 끓인 생크림을 넣어 거품기로 살짝 섞는다.

3. 체온 정도로 식으면 민트 리큐르를 넣고 푸드 프로세서로 30초~1분 정도 돌려 전체적으로 완전히 섞어준다.[*1]

4. 바닥에 시트를 깔고 30cm×30cm×8mm 틀에 부어 상온에서 반나절동안 건조시킨다.[*2]

5. 뒤집어서 시트를 벗겨내고 다시 반나절동안 건조시킨다.[*3]

6. 한쪽 면(바닥이 되는 부분)에 템퍼링된 초콜릿을 바르고 2.5×2.5cm 크기로 자른 다음 잠시 놓아둔다.

마무리

1. 코코아 함량이 높은 초콜릿을 템퍼링하여 트랑페(코팅)한다.[*4]

Tips

[*1] 리큐르만으로 민트맛이 약하다고 생각될 경우에는 적당량의 민트잎을 생크림과 끓여 사용한다. 또한 가능하면 리큐르는 알코올 도수가 높은 것이 좋다.

[*2,3] 완전히 건조시키지 않으면 나중에 초콜릿에 트랑페(코팅) 했을 때 가나슈가 줄어들기도 한다. 또한 수분이 나와 코팅한 초콜릿이 부스러지거나 녹는 현상이 일어난다.

[*4] 트랑페(코팅)하는 초콜릿은 되도록 코코아 함량이 높고 질좋은 초콜릿을 사용한다. 코코아 함량이 높은 초콜릿일수록 얇게 코팅이 되고 가나슈의 맛을 방해하지 않는 고급스런 맛을 내기 때문이다.

※ 여기서는 민트 리큐르를 이용하여 민트향을 냈지만 럼이나 쿠앵트로, 그랑 마르니에 등을 이용하여 여러 가지 변화를 줄 수 있다.

Chocolats

카페 Café

커피빈에서 우려낸 커피향으로
자연스러운 맛을 연출

카페 Café

카페	
우유	250g
커피빈	35g
밀크 초콜릿	500g
초콜릿 (코코아 함량 55%)	107g
트리몰린(전화당)	35g
버터	107g
초콜릿(코팅용)	적당량

트랑페(코팅) 하는 방법

센터 만들기

1. 우유와 갈아놓은 커피빈을 함께 끓인 후 체에 거른다.*¹

2. 걸러져 나온 우유의 중량이 215g이 되지 않을 경우에는
   부족한 부분을 생크림(35%)으로 보충하고 다시 한번 끓인다.

3. 잘게 잘라놓은 밀크 초콜릿, 초콜릿, 트리몰린에 끓인 2를 넣어
   거품기로 살짝 섞는다.

4. 가나슈가 35~40℃정도로 식으면 포마드 상태의 버터를 넣고
   30초~1분 정도 푸드 프로세서에 돌려 전체가 매끄럽게 되도록 섞는다.*²

5. 바닥에 시트를 깔고 30cm×30cm×8mm 틀에 부어 상온에서 반나절동안
   건조시킨다.

6. 뒤집어서 시트를 벗겨내고 다시 반나절동안 건조시킨다.

7. 한쪽 면(바닥이 되는 부분)에 템퍼링된 초콜릿을 바르고
   2.5×2.5cm 크기로 자른다.

마무리

1. 코코아 함량이 높은 초콜릿을 템퍼링하여 트랑페(코팅)한다.

Tips

*¹ 커피맛이 약하다고 생각되면 인스턴트 커피를 적당량 넣어 맛을 내준다.

*² 공기가 들어가면 딱딱하여 식감이 좋지 않다.
   되도록 공기가 들어가지 않도록 필요 이상 섞지 않는다.

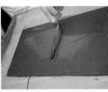

꼬냑 Cognac

꼬냑향이 강하게 도는 어른들을 위한 초콜릿

꼬냑 Cognac

| 144개분 |

꼬냑

밀크 초콜릿	345g
초콜릿 (코코아 함량 55%)	345g
트리몰린(전화당)	60g
생크림(35%)	200g
꼬냑 (or 쿠앵트로, 그랑 마르니에)	120g
초콜릿(코팅용)	적당량

트랑페(코팅) 하는 방법

센터 만들기

1. 생크림을 끓인다.

2. 잘게 자른 초콜릿과 밀크 초콜릿을 트리몰린과 함께 볼에 넣고
   1의 끓인 생크림을 넣어 거품기로 살짝 섞는다.

3. 체온 정도로 식으면 꼬냑을 넣고 푸드 프로세서에 넣어
   30초~1분 정도 돌려 전체적으로 완전히 섞어준다.

4. 바닥에 시트를 깔고 30cm×30cm×8mm 틀에 부어 상온에서 반나절동안
   건조시킨다.

5. 뒤집어서 시트를 벗겨내고 다시 반나절동안 건조시킨다.

6. 한쪽 면(바닥이 되는 부분)에 템퍼링된 초콜릿을 바르고
   2.5×2.5cm의 크기로 자른다.

마무리

1. 코코아 함량이 높은 초콜릿을 템퍼링하여 트랑페한다.

테 Thé

■ 홍차잎을 직접 갈아 넣은 얼그레이 초콜릿

테 Thé

테(홍차)	
초콜릿	295g
(코코아 함량 55%)	
밀크 초콜릿	295g
트리몰린	75g
얼그레이 가루	9g
생크림(35%)	300g
얼그레이	35g
초콜릿(코팅용)	적당량

트랑페(코팅) 하는 방법

센터 만들기

1. 생크림과 얼그레이 잎을 함께 끓인 후 체에 거른다.

2. 걸러져 나온 생크림이 300g이 되지 않을 경우에는
   부족한 부분을 생크림(35%)으로 보충하고 다시 한번 끓인다.

3. 잘게 잘라놓은 밀크 초콜릿, 초콜릿, 트리몰린, 얼그레이 가루
   (홍차잎을 잘게 다짐)에 끓인 2를 넣고 거품기로 살짝 섞는다.

4. 푸드 프로세서에 넣고 30초~1분 정도 돌려 전체적으로 완전히 섞어준다.

5. 바닥에 시트를 깔고 30cm×30cm×8mm 틀에 부어
   상온에서 반나절동안 건조시킨다.

6. 뒤집어서 시트를 벗겨내고 다시 반나절동안 건조시킨다.

7. 한쪽 면(바닥이 되는 부분)에 템퍼링된 초콜릿을 바르고
   2.5×2.5cm 크기로 자른다.

마무리

1. 코코아 함량이 높은 초콜릿을 템퍼링하여 트랑페한다.

바니유 Vanille

바닐라 리큐르를 첨가하여
부드러움이 한층 강화되었다

바니유 Vanille

| 144개분 |

바니유 (바닐라)	
초콜릿 (코코아 함량 55%)	600g
트리몰린	60g
생크림(25%)	250g
바닐라 리큐르	115g
몬레니온 바닐라 (천연 바닐라 농축액)	10g
초콜릿(코팅용)	적당량

트랑페(코팅) 하는 방법

센터 만들기

1. 생크림을 끓인다.

2. 잘게 자른 초콜릿을 트리몰린과 함께 볼에 넣고
   1의 끓인 생크림을 넣어 거품기로 살짝 섞는다.

3. 체온 정도로 식으면 바닐라 리큐르와 몬레니온을 넣고
   푸드 프로세서에 넣어 30초~1분 정도 돌려 전체적으로 완전히 섞어준다.

4. 바닥에 시트를 깔고 30cm×30cm×8mm의 틀에 부어
   상온에서 반나절동안 건조시킨다.

5. 뒤집어서 시트를 벗겨내고 다시 반나절동안 건조시킨다.

6. 한쪽 면(바닥이 되는 부분)에 템퍼링된 초콜릿을 바르고
   2.5×2.5cm 크기로 자른다.

마무리

1. 코코아 함량이 높은 초콜릿을 템퍼링하여 트랑페한다.

2. 전사 시트를 올리고 평평하게 눌러준다.

오랑제트 Orangette

설탕에 절여 말린 오렌지 껍질에 조콜릿을 코팅한 것. 시판되고 있는 오렌지 껍질을 이용해도 되지만
쓰고 남은 오렌지 껍질을 모아두었다가 사용하면 경제적이다

오랑제트 Orangette

오랑제트	
오렌지 껍질	적당량
물	1,000g
설탕	1,250g
코코아 파우더	적당량
초콜릿(코팅용)	적당량

1. 냄비에 오렌지 껍질과 물을 넣고 30분~1시간 정도 끓인다.
   (오렌지 껍질의 단단한 정도에 따라 시간이 틀려짐.)

2. 껍질 안쪽에 붙어있는 껍질 이외의 부분을 깨끗하게 떼어낸다.

3. 압력솥에 오렌지 껍질과 약간의 물을 넣고 뚜껑을 닫아 가열한다.
   끓기 시작하면 약 20분간 계속 중간불에서 가열한다.

4. 오렌지 껍질을 체에 건져 물기를 따라낸다.

5. 시럽(물 1,000g, 설탕 1,250g)과 오렌지 껍질을 냄비에 넣고 30분간
   끓인다.

6. 시럽만을 따라내어 이 시럽에 500g의 설탕을 넣고 끓인 다음
   다시 오렌지 껍질에 부어 하루 정도 둔다. 매일 이 과정을 반복하면서
   시럽의 당도를 측정한다. 당도가 68% brix에 가까워지면 시럽 양의
   30%의 물엿을 넣어 끓인 후 오렌지 껍질을 넣고 하루 동안 둔다.

7. 오렌지껍질을 0.7㎝ 간격으로 길게 자른 후 건조시킨다.

8. 코코아 파우더를 골고루 묻히고 체에 친다.

9. 템퍼링한 초콜릿으로 트랑페(코팅)한다.

10. 다시 코코아 파우더를 골고루 묻힌다.

아망드 쇼콜라 Amande chocolat

▌캐러멜의 씁쓸한 맛과 아몬드의 고소함을 함께 즐기는 초콜릿

아망드 쇼콜라 Amande chocolat

아망드 쇼콜라	
아몬드	1,000g
설탕	375g
초콜릿(코팅용)	적당량

〈 캐러멜화된 아몬드의 확인 방법 〉

1. 설탕과 설탕의 1/3분량인 물을 넣고 121℃까지 시럽을 끓인다.

2. 아몬드를 1의 시럽에 넣어 표면에 하얀 결정이 생길 때까지
   나무주걱으로 잘 섞어준다.

3. 다시 불을 켜고 섞으면서 아몬드를 캐러멜화시킨다.[1]

4. 캐러멜화된 아몬드에 슈거 파우더를 묻혀서 하나씩 떼어놓는다.[2]

5. 템퍼링한 초콜릿을 아몬드에 조금씩 넣고 골고루 섞는다.

6. 초콜릿 두께가 2~3㎜가 될 때까지 5를 반복한다.

7. 코코아 파우더를 묻힌다.

Tips

[1] 아몬드가 초콜릿 맛에 묻히지 않게 쓴맛이 강하게 나야 하므로 캐러멜화를 많이
   시켜준다. 캐러멜화된 아몬드는 얼음물에 담가 식힌 다음 속까지 완전히 구워졌는지를
   확인한다.

[2] 일반적으로 버터나 식용유 등으로 떼어내지만
   기름류는 시간이 지나면 냄새가 나기 때문에 슈거 파우더를 이용한다.

누가 미엘 Nougat miel

거품 낸 흰자에 라벤다꿀과 다양한 견과류를 넣은 달콤한 과자

누가 미엘 Nougat miel

| 7×36cm, 높이 4cm 카트르 3개분 |

누가 미엘(라벤다꿀 누가)

흰자	100g
설탕	25g
꿀(라벤다)	400g
설탕	600g
물엿	100g
물	300g
통아몬드(로스트)	350g
통헤이즐넛(로스트)	350g
피스타치오	80g
체리(설탕절임)	250g

〈 적당한 누가 상태 〉

1. 아몬드와 헤이즐넛은 오븐에 구워서 껍질을 벗기고 체리는 잘 말려 둔다.

2. 믹서 볼에 흰자와 설탕을 넣고 거품기로 하얗게 될 때까지 살짝 돌려 놓는다.

3. 121℃로 끓인 꿀을 2에 넣으면서 휘핑한다.
   다 넣었으면 거품기를 비터로 바꿔준다.*1

4. 설탕, 물, 물엿을 152℃로 끓여 3의 믹서에 넣는다.*2

5. 계속 비터로 돌려주면서 버너로 볼을 데운다.
   이렇게 하면 수분이 증발되어 힘있는 누가가 만들어진다.*3

6. 아몬드, 헤이즐넛, 피스타치오, 체리를 넣어 섞는다.

7. 틀에 랩을 깔고 누가를 부은 다음 손에 콘스타치를 묻혀 표면을 꼭꼭 누르면서 모양을 만든다.*4

8. 랩으로 잘 싸서 선선한 곳에 하루 정도 굳힌 다음 적당한 크기로 자른다.

Tips

*1 꿀을 121℃ 이상으로 끓이면 색깔이 변하므로 주의한다.

*2 설탕, 물, 물엿을 끓이지 않고 중탕으로 데워 넣는 경우가 있는데
   이렇게 하면 나중에 버너로 데우는 시간이 오래걸린다.

*3 누가의 상태가 매우 중요하다. 너무 부드러워도 너무 단단해서도 안된다.
   손가락으로 떠보았을 때 늘어지지 않고 서는 정도가 적당한 굳기이다. 〈사진 참조〉

*4 누가 양면에 얇은 웨하스를 붙여주면 바삭한 식감 뿐만 아니라 보기에도 좋다.

Chocolats

누가 카페 Nougat cafe

트라블리로 커피맛을 낸 누가. 누가는 반죽 상태가 매우 중요하다

누가 카페 Nougat café

누가 카페(커피맛 누가)

흰자	100g
설탕	25g
꿀(연꽃)	400g
설탕	600g
물엿	100g
물	300g
커피 농축액(트라블리)	30g
통아몬드(로스트)	300g
통헤이즐넛(로스트)	550g

1. 아몬드와 헤이즐넛을 오븐에서 구워 껍질을 벗긴다.

2. 믹서 볼에 흰자와 설탕을 넣고 거품기로 하얗게 될 때까지
   살짝 돌려놓는다.

3. 121℃로 끓인 꿀을 2에 넣으면서 휘핑한다.
   다 넣었으면 거품기를 비터로 바꿔준다.*1

4. 설탕, 물, 물엿, 커피 농축액(트라블리)을 152℃로 끓여 3의 믹서에
   넣는다.

5. 계속 비터로 돌려주면서 버너로 볼을 데운다.
   이렇게 하면 수분이 증발되어 힘있는 누가가 만들어진다.*2

6. 로스트 한 아몬드, 헤이즐넛을 넣어 섞는다.

7. 세르클에 랩을 깔고 누가를 부은 다음 손에 콘스타치를 묻혀 표면을 꼭꼭
   누르면서 모양을 만든다.*3

8. 랩으로 잘 싸서 선선한 곳에 하루 정도 굳힌 다음 적당한 크기로 자른다.

Tips

*1 누가 카페에 사용하는 꿀은 커피향 때문에 향이 나지 않으므로 좋은 꿀을 사용할 필요는
   없다.

*2 누가의 상태가 매우 중요하다. 너무 부드러워도 너무 단단해서도 안된다.

*3 누가 양면에 얇은 웨하스를 붙여주면 바삭한 식감 뿐만 아니라 보기에도 좋다.

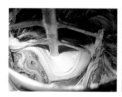

Chocolats

졸리 쇼콜라 Joli chocolat

▌귀여운 모양으로 시선을 끄는 초콜릿. 색상의 조화가 중요하다

졸리 쇼콜라

초콜릿, 호두, 피스타치오, 헤이즐넛,
건포도, 크랜베리 적당량

1. 코르네에 넣은 템퍼링한 초콜릿을 실패트
   위에 일정한 크기로 둥글게 짠다.

2. 템퍼링 초콜릿이 굳기 전에 준비한 재료들을
   올린다. 토핑용 재료는 어떤 것이든 상관없
   지만 서로 색깔이 잘 어울리는 것이 좋다.

GLACES
글라스

글라스 프랄리네 & 파르페 미엘

Glace praline & Parfait miel

▌프랄리네와 꿀의 달콤함이 부드럽게 녹는 아이스크림 케이크

글라스 프랄리네 & 파르페 미엘

Glace praline & Parfait miel

글라스 프랄리네 (프랄리네 아이스크림)

글라스용 앙글레즈 (※ 270페이지 참조)	1,000g
프랄리네 누아제트 (헤이즐넛 프랄리네)	150g

파르페 미엘 (꿀 파르페)

노른자	240g
설탕	180g
꿀	180g
생크림(35%)	900g
프랄리네	적당량

1. 앙글레즈와 프랄리네 누아제트를 섞어 아이스크림 기계(프리저)에 넣어 작동시킨다.

1. 노른자를 풀어 약간 거품을 낸다.

2. 설탕의 1/3정도의 물과 설탕, 꿀로 121℃ 시럽을 끓여 1의 노른자에 천천히 부어주면서 믹서로 거품을 낸다.

3. 체온 정도로 식을 때까지 계속 믹서를 고속으로 휘핑하면서 가벼운 파트 아 봉브를 만든다.

4. 휘핑한 생크림과 섞어 틀에 채운 다음 프랄리네(캐러멜리제 한 아몬드 or 헤이즐넛)를 뿌리고 냉동실에 굳힌다.

마무리 (글라스 프랄리네 & 파르페 미엘)

1. 글라스 프랄리네를 삼각형 세르클에 1/2정도 채운 다음 미리 굳혀둔 파르페 미엘을 넣는다.

2. 글라스 프랄리네를 세르클 가득 채우고 표면을 정리해서 냉동실에서 굳힌다.

3. 완전히 굳으면 나파주(or 피스톨레)를 씌우고 너트류 등으로 장식한다.

글라스 Glace

프랑스 과자 중 빙과를 뜻하는 명칭.
글라스의 범주에는 아이스크림류, 셔벗류가 포함된다.

파르페 Parfait

기계(프리저)를 사용하지 않고 틀에 채워 얼리는 글라스.
파트 아 봉브에 휘핑한 생크림을 넣어 만들며 지방분이 높아 맛이 부드럽다.

글라스 프랑부아즈 & 파르페 푸아르
Glace framboise & Parfait poire

▌새콤한 프랑부아즈와 달콤한 푸아르의 아이스크림 케이크

글라스 프랑부아즈 & 파르페 푸아르
Glace framboise & Parfait poire

글라스 프랑부아즈 (라즈베리 아이스크림)

글라스용 앙글레즈 (※ 270페이지 참조)	350g
프랑부아즈 퓌레	1,000g
30°B 시럽	400g

파르페 푸아르 (양배 파르페)

설탕	600g
노른자	440g
생크림(35%)	1,500g
서양배 리큐르	150g
서양배(통조림)	적당량

1. 앙글레즈와 시럽, 퓌레를 섞어 아이스크림 기계에 넣어 작동시킨다.

1. 노른자를 풀어 약간 거품을 낸다.

2. 설탕의 1/3정도의 물과 설탕으로 121℃ 시럽을 끓여 1의 노른자에 천천히 부어주면서 믹서로 거품을 낸다

3. 체온 정도로 식을 때까지 계속 믹서를 고속으로 휘핑하면서 가벼운 파트 아 봉브를 만든다.

4. 휘핑한 생크림에 양배 리큐르와 3을 함께 넣어 섞는다.

5. 잘게 자른 양배를 섞은 다음 틀에 채워 냉동실에 굳힌다.

마무리 (글라스 프랑부아즈 & 파르페 푸아르)

1. 사용하고 남은 비스퀴 조콩드로 세르클 옆면을 두르고 글라스 프랑부아즈를 틀의 1/2정도 채운다.

2. 미리 굳혀둔 파르페 푸아르를 넣고 글라스 프랑부아즈를 틀 가득 채운 다음 냉동실에서 굳힌다.

3. 표면에 나파주를 바르고 초콜릿 등으로 장식해서 마무리한다.

글라스 바니유 Glace vanille

글라스 바니유 (바닐라 아이스크림)

글라스용 앙글레즈 (※ 270페이지 참조)	350g

1. 아이스크림 기계에 앙글레즈를 넣어 작동시킨다.

글라스 카페 Glace café

글라스 카페 (커피 아이스크림)

글라스용 앙글레즈 (※ 270페이지 참조)	350g
인스턴트 커피	20g

1. 앙글레즈와 인스턴트 커피를 섞어 아이스크림 기계에 넣어 작동시킨다.

Glaces

오랑주 Orange

오렌지의 상큼함이 배어있는 소르베. 과육을 첨가해 씹히는 맛을 더한다

오랑주 Orange

오랑주 (오렌지)	
오렌지즙	1,000g
레몬즙	2개분
30°B 시럽	500g
트리몰린	200g
물	약 250g

1. 모양 좋은 오렌지를 깨끗이 씻어 윗부분을 자른 다음 스푼으로 속을 파낸다.

2. 파낸 오렌지 과육, 오렌지즙과 나머지 재료를 섞어 당도를 26% brix로 조절한다.[1]

3. 소르베 기계(프리저)에 넣어 작동시킨다.

4. 속을 파낸 오렌지에 만들어진 소르베를 채우고 냉동실에 굳힌다.

Tips

[1] 당도가 26% brix보다 높으면 물을 더 넣어주고 낮으면 시럽으로 당도를 높인다.
과일의 과육과 과즙 등을 섞어 만든 소르베를 과일껍질에 채워 얼린 것을 지브레라고 한다.

Glaces

소르베(Sorbet, 셔벗)

지방분이 들어가지 않아 상쾌하고 깨끗한 맛이 특징. 소르베 전용 기계(프리저)를 사용한다.

※ 소르베 만드는 방법

1. 재료 전부를 섞어 당도가 26% brix가 되도록 조절한다.
당도가 높으면 물을 더 넣어주고 낮으면 시럽으로 당도를 높인다.

2. 소르베 기계에 넣는다.

키위 Kiwi

시원하고 깔끔한 키위 소르베.
무더운 여름철을 식혀줄 필수 아이템이다

키위 Kiwi

키위	
키위 퓌레	1,000g
30°B 시럽	500g
트리몰린	200g
물	약 500~600g

1. 속을 파낸 키위 과육과 나머지 재료들을 섞어 소르베를 만든다.*1

2. 키위에 소르베를 채워 넣고 냉동고에 굳힌다.

Tips

*1 키위 과육을 퓌레 상태로 갈아서 함께 섞는다. 시판용 퓌레만을 사용해도 된다.

프레즈 Fraise

프레즈(딸기)	
딸기 퓌레	1,000g
30°B 시럽	500g
트리몰린	200g
물	약 500~600g

1. 딸기 퓌레 등 모든 재료를 잘 섞은 다음 소르베 기계에 넣어 작동시킨다.

패션 Passion

패션	
패션프루츠 퓌레	1,000g
30°B 시럽	500g
트리몰린	300g
물	약 1,000~1,200g

1. 패션프루츠 퓌레 등 모든 재료를 잘 섞은 다음 소르베 기계에 넣어 작동시킨다.

시트론 Citron

새콤달콤한 레몬향이 향긋하게 감도는 소르베. 직접 짠 레몬즙으로 신선함을 더한다

시트론 Citron

시트론(레몬)	
레몬즙	400g
30°B 시럽	500g
트리몰린	200g
물	약 550g

1. 속을 파낸 레몬 과육과 과즙, 나머지 재료들을 섞어 소르베를 만든다.
2. 레몬에 소르베를 채우고 냉동실에 굳힌다.

푸아르 Poire

푸아르(서양배)	
서양배 퓌레	1,000g
레몬즙	1개분
30°B 시럽	400g
트리몰린	200g
물	400~500g

1. 서양배 퓌레 등 모든 재료를 잘 섞은 다음 소르베 기계에 넣어 작동시킨다.[1]

Tips

[1] 서양배 퓌레 이외에 청사과 퓌레, 살구 퓌레, 민트 퓌레를 사용할 경우에도 푸아르와 같은 배합으로 대체가능하다.

프랑부아즈 Framboise

프랑부아즈(라즈베리)	
프랑부아즈 퓌레	1,000g
레몬즙	1개분
30°B 시럽	500g
트리몰린	200g
물	약 500~600g

1. 프랑부아즈 퓌레 등 모든 재료를 잘 섞은 다음 소르베 기계에 넣어 작동시킨다.

페슈 Pêche

복숭아 향을 위해 복숭아 리큐르를 소량 첨가하기도 한다. 핑크빛의 부드러운 소르베

페슈 Pêche

페슈(복숭아)	
복숭아 퓌레	1,000g
레몬즙	1개분
30°B 시럽	400g
트리몰린	200g
물	약 400~500g

1. 속을 파낸 복숭아 과육과 과즙, 나머지 재료들을 섞어 소르베를 만든다.*¹
2. 복숭아에 소르베를 채우고 냉동실에 굳힌다.

Tips

*¹ 복숭아 과육을 퓌레 상태로 갈아서 함께 섞는다. 시판용 퓌레만을 사용해도 된다.

망고 Mangue

망고	
망고 퓌레	1,000g
레몬즙	1개분
30°B 시럽	400g
트리몰린	200g
물	약 600~700g

1. 망고 퓌레 등 모든 재료를 잘 섞은 다음 소르베 기계에 넣어 작동시킨다.

코코 Coco

코코(코코넛)	
코코넛 퓌레	1,000g
30°B 시럽	700g
트리몰린	300g
물	약 1,200~1,300g

1. 코코넛 퓌레 등 모든 재료를 잘 섞은 다음 소르베 기계에 넣어 작동시킨다.

콤비네이션 Combination

> 다양한 색상과 맛의 아이스크림을 누가 받침에 불륨감있게 담아낸다

아이스크림 받침용 누가	
퐁당	600g
물엿	400g
아몬드 슬라이스 (or 아몬드 다이스)	400g

장식용 시가렛
슈거 파우더 : 버터 : 흰자 : 중력분 = 1 : 1 : 1 : 1

아이스크림 받침용 누가

1. 냄비에 퐁당과 물엿을 넣고 가열하여 어느 정도
색이 나면 아몬드 슬라이스를 넣는다.*1

2. 전체적으로 색이 나면 불에서 내려 실패트
위에 덜어낸다.

3. 식기 전에 누가를 밀어 알맞은 크기로 자르고
틀에 넣어 원하는 모양으로 성형한다.

Tips

*1 색이 나기 전에 아몬드를 넣으면 시간이 너무 오래
걸리고 늦게 넣으면 아몬드가 완전히 익기 전에 누
가가 되어버린다.

장식용 시가렛

1. 포마드 상태의 버터에 슈거 파우더와 흰자, 중력분을 섞는다.

2. 실패트에 얇게 편 다음 오븐에서 굽는다.

3. 식기 전에 막대를 이용해서 둥글게 모양을 만다.

마무리

1. 아이스크림을 누가 받침에 다양하게 담고 둥글게 만 시가렛으로 장식한다.

VIENNOISERIES

비에누아즈리

브리오슈 Brioche

부드럽고 풍부한 맛으로 부담없이 먹을 수 있는 고급빵

브리오슈 Brioche

| 75개분 |

브리오슈

중력분	1,000g
소금	20g
인스턴트 이스트	37.5g
설탕	200g
개량제	20g
계란	665g
버터(발효버터)	500g

1. 믹서 볼에 중력분, 소금, 인스턴트 이스트, 설탕, 개량제를 넣어 섞는다.

2. 계란을 넣어 중속으로 훅(hook)을 돌려준다. 반죽하는 동안에는 믹서 볼 밑에 얼음물을 대어 반죽 온도를 차게 유지시킨다.

3. 반죽에 글루텐 막이 생기면 포마드 상태로 만든 발효버터를 넣어 섞일 정도로만 돌려준다.

4. 하루 동안 냉장 발효한다.

5. 32g씩 분할하여 브리오슈 모양으로 성형한다.

6. 냉동고에서 보관하여 필요한 만큼 꺼내 쇼트닝을 바른 브리오슈틀에 넣고 발효시킨다.

7. 계란 물칠을 하고 200/220℃의 오븐에서 약 16분간 굽는다.

크루아상 Croissant

초승달 모양의 빵으로 바삭거리면서도 달콤한 껍질이 포인트

크루아상 Croissant

▌ 45개분 ▌

크루아상	
중력분	2,700g
인스턴트 이스트	84g
개량제	30g
소금	45g
설탕	225g
물(찬물)	1,500g
버터	150g
롤인버터(발효버터)	1,580g
30°B 시럽	적당량

1. 믹서 볼에 중력분, 인스턴트 이스트, 개량제(S-500), 소금, 설탕을 넣고 섞는다.

2. 물을 넣고 저속에서 8분 정도 훅(hook)으로 매끈매끈해질 때까지 반죽한다.

3. 포마드 상태로 만든 버터를 넣어 섞일 정도로만 믹서를 돌린다.*1

4. 반죽을 냉장고에서 반나절 정도 휴지시킨다.

5. 반죽을 2,360g씩 두 덩어리로 나누고 발효버터 790g을 각각 싸서 3절 2회를 접는다.*2

6. 냉동고에서 10분, 냉장고에서 20분간 휴지시킨다.

7. 다시 6mm로 밀어 3절 1회를 접은 다음 10분간 냉동, 20분간 냉장 휴지시킨다.

8. 휴지시킨 반죽을 두께 4mm, 너비 30cm, 길이 160~180cm로 밀어 냉동휴지 시킨 다음 적당히 굳으면 냉장실로 옮긴다.

9. 밑변 7.5cm, 높이 30cm 삼각형으로 잘라 크루아상 모양으로 만다.*3

10. 냉동고(-20℃정도)에서 보관하여 필요한 만큼 꺼내 발효시킨다.

11. 발효된 크루아상에 계란 물칠을 하고 200/220℃의 오븐에 약 27분간 굽는다.

12. 오븐에서 나오면 30°B 시럽을 표면에 바로 발라준다.

Tips

*1 버터는 반드시 포마드 상태로 만들어 놓을 것. 버터가 단단하면 섞이기 전까지 믹서를 오래 돌려야 하므로 탄력 없이 늘어지는 반죽이 된다.

*2 반죽의 끝부분이 고르지 못한 경우에는 끝부분만을 조금 접어준다. 이렇게 하면 구웠을 때 전체적으로 제품의 겹이 잘 살아난다.

*3 삼각형의 높이부분이 길기 때문에 발효시켰을 때 크루아상의 모양이 흐트러지기 쉽다. 따라서 성형할 때 반죽을 약간 단단한 상태에서 크루아상 모양으로 말아준 다음 손바닥으로 전체를 눌러준다.

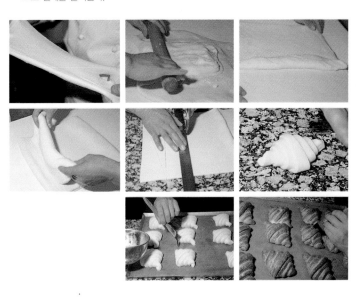

빵 오 쇼콜라 Pain au chocolat

바삭거리는 껍질과 볼륨감, 달콤한 초콜릿 스틱이 포인트

뺑 오 쇼콜라 Pain au chocolat

▌ 45개분 ▌

뺑 오 쇼콜라	
중력분	2,700g
인스턴트 이스트	84g
개량제	30g
소금	45g
설탕	225g
물(찬물)	1,500g
버터	150g
롤인버터(발효버터)	1,580g
초콜릿 스틱	45개
30°B 시럽	적당량

1. 성형 이외의 공정은 크루아상과 동일.

   성형: 7.5×15㎝로 자른 반죽에 초콜릿 스틱을 넣어 만다.

크루아상 자망드
Croissant aux amandes

남은 크루아상과 크렘 다망드를 이용,
새로운 제품을 만들어 낸다

크루아상 자망드 Croissant aux amandes

A. 크루아상 or 뺑 오 쇼콜라

※ 235페이지 참조

B. 시럽

물	1,000g
설탕	400g
오렌지 제스트	2개분
레몬 제스트	1개분
럼	100g

C. 크렘 다망드

※ 270페이지 참조

D. 표면용 크렘 다망드

크렘 다망드 + 10%의 중력분

A. 크루아상 or 뺑 오 쇼콜라

1. 남은 크루아상 or 뺑 오 쇼콜라 사용.

B. 시럽

1. 럼 이외의 재료를 냄비에 넣고 끓인다.

2. 시럽이 식으면 럼을 넣는다.

C. 크렘 다망드

1. 부드럽게 풀어 납작한 모양깍지에 넣어둔다.

D. 표면용 크렘 다망드

1. 크렘 다망드에 중력분을 섞는다.

마무리

1. 크루아상을 반으로 잘라 철판에 늘어놓는다.

2. 180℃ 오븐에서 안까지 갈색이 나도록 잘 굽는다.

3. 구워진 크루아상을 B의 시럽에 푹 적셔서 망위에 올려
   여분의 시럽이 빠지게 한다.

4. 크루아상의 아랫부분을 철판에 늘어놓고 20g의 크렘 다망드를 짠다.

5. 크루아상의 윗부분을 덮은 후 D의 표면용 크렘 다망드를 짜고
   아몬드 슬라이스를 올린다.[1]

6. 200/200℃의 오븐에서 크렘 다망드가 익을 때까지
   (이쑤시개로 찔렀을 때 크렘 다망드가 묻어나지 않을 때까지) 굽는다.

7. 구워져 나오면 30° B 시럽을 바른다.

Tips

[1] 이 공정에서 냉동 보관이 가능하다. 단, 완전히 해동시킨 후 굽는다.

Special items

만다린 쏠레일 Mandarin Soleil

만다린 쏠레일 Mandarin Soleil

❙ 돔형 플랙시팬 120개분 ❙

A. 다쿠아즈 쇼콜라

중력분	150g
코코아 파우더	25g
T.P.T	1,000g
흰자	1,500g
설탕	375g

B. 바바루아 만다린

우유	1,875g
노른자	34개
설탕	750g
줄레 데세르	169g
몬레니온(바닐라 농축액)	2g
만다린 콩상트레	750g
생크림(35%)	1,690g

C. 무스 쇼콜라 레

밀크 초콜릿	1,250g
생크림(35%)	1,250g
노른자	270g
30°B 시럽	540g
젤라틴	17g
패션프루츠 퓌레	125g

A. 다쿠아즈 쇼콜라

1. 80%로 휘핑한 흰자에 설탕을 넣고 단단한 머랭을 만든다.

2. 1에 함께 체 친 중력분, 코코아 파우더, T.P.T을 섞는다.

3. 철판에 펴서 180/200℃ 오븐에서 약 17분간 굽는다.

B. 바바루아 만다린

1. 노른자에 설탕과 줄레 데세르를 섞은 다음 끓인 우유를 섞는다.

2. 불에 올려 84℃까지 끓이면서 앙글레즈 소스를 만든다.

3. 만다린 콩상트레와 몬레니온을 섞은 다음 32℃까지 식힌다.

4. 휘핑한 생크림과 섞는다.

Tips

만다린 콩상트레는 귤 농축액으로 일반 퓌레보다 맛과 향이 매우 강하다.

몬레니온은 바닐라 100% 농축액으로 적은 양으로도 바닐라 향이 진하게 난다.

C. 무스 쇼콜라 레

1. 물에 불려 녹인 젤라틴에 차가운 패션프루츠 퓌레를 저으면서 섞는다.

2. 노른자와 30°B 시럽을 저어가며 끓인 다음 휘핑해서 파트 아 봉브를 만든다.

3. 1의 퓌레를 2에 섞은 다음 휘핑한 생크림을 섞는다.

4. 40℃로 녹인 밀크 초콜릿을 섞는다. 녹인 초콜릿을 섞는 온도에 주의한다.

5. 실패트 위에 둥글게 짜서 굳힌다.

Tips

노른자와 시럽을 함께 끓여 만드는 파트 아 봉브는 121℃로 끓인 시럽을 넣어 만드는 파트 아 봉브보다 가볍다.

D. 장식용 재료

그로제유(레드커런트) 적당량

마무리

1. 돔형 플랙시팬에 D(그로제유)를 4~5개 넣고 B(바바루아 만다린)를 1/2정도 짠다.

2. 미리 굳혀둔 C(무스 쇼콜라 레)를 넣고 A(다쿠아즈 쇼콜라)를 올려 굳힌다.

3. 표면에 나파주를 바르고 모양낸 초콜릿을 붙여 마무리한다.

Tips

바바루아 만다린의 되기가 너무 단단하면 틀에 부었을 때 그로제유 속으로 크림이 들어가지 않게 된다. 따라서 다른 무스보다 조금 묽은 듯한 상태가 적당하다.

르아지스 Loisisse

르아지스 Loisisse

| 직경 6cm 원형 세르클 120개분 |

A. 다쿠아즈

T.P.T	750g
흰자	450g
설탕	150g
건조 흰자	20g

B. 무스 프랑부아즈

프랑부아즈 퓌레	950g
젤라틴	72g
프랑부아즈 리큐르	105g
레몬즙	105g
이탈리안 머랭	1,290g
(설탕 860g, 흰자 430g)	
생크림(35%)	2,143g

C. 크렘 시트론

레몬즙	750g
노른자	450g
계란	11개
설탕	560g
버터	450g
젤라틴	7.5g

A. 다쿠아즈

1. 잘 섞어둔 설탕과 건조 흰자를 흰자에 넣고 머랭을 만든다.

2. T.P.T을 섞어 철판에 펴고 180℃ 오븐에서 굽는다.

Tips

건조 흰자는 흰자를 건조시켜 가루상태로 만든 것으로 단단한 머랭을 만들 때 사용된다. 없을 경우에는 사용하지 않아도 된다.

B. 무스 프랑부아즈

1. 물에 불려서 녹인 젤라틴에 차가운 상태의 프랑부아즈 퓌레와 레몬즙을 넣으면서 섞는다.

2. 프랑부아즈 리큐르를 섞고 걸쭉해질 때까지 식힌다.

3. 이탈리안 머랭과 생크림을 섞는다.

4. 3에 걸쭉하게 된 퓌레를 넣고 거품기로 가볍게 섞어준다.

C. 크렘 시트론

1. 노른자, 계란에 설탕을 섞은 다음 따뜻하게 데운 레몬즙과 버터를 넣는다.

2. 불에 올려 끓인다. 끓기 시작하면 저으면서 약 1분간 더 끓여준다.

3. 물에 불린 젤라틴을 넣어 녹이고 바 믹서(bar mixer)로 부드럽게 유화시킨 다음 카트르에 부어 식힌다.

4. 적당히 굳으면 프랑부아즈를 하나씩 누르면서 넣어준다.

D. 글라사주 블랑	
생크림	480g
우유	480g
나파주 나튀르(미로와)	240g
물엿	240g
젤라틴	32g

D. 글라사주 블랑

1. 생크림, 우유, 나파주, 물엿을 끓인다.

2. 물에 불린 젤라틴을 넣어 녹인 다음 식힌다.

E. 장식용 재료

프랑부아즈(충전용) 적당량

마무리

1. 세르클에 B(무스 프랑부아즈)를 1/2정도 짠 다음 미리 굳혀둔 C(크렘 시트론)를 넣는다.

2. 다시 B(무스 프랑부아즈)를 틀 가득 채우고 A(다쿠아즈)를 올려 굳힌다.

3. 완전히 굳으면 틀을 빼고 상하를 뒤집어 위에서부터 D(글라사주 블랑)를 끼얹는다.

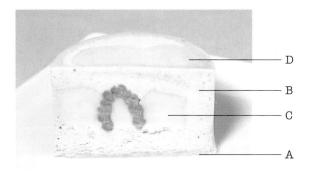

푸아르 윌리엄 Poire William

푸아르 윌리엄 Poire William

┃ 돔형 플랙시팬 120개분 ┃

A. 비스퀴 퀴이예르

노른자	900g
박력분	800g
콘스타치	100g
베이킹 파우더	30g
흰자	1,400g
설탕	1,000g

B. 무스 푸아르

서양배 퓌레	2,000g
레몬즙	200g
젤라틴	96g
이탈리안 머랭	900g
(설탕 600g, 흰자 300g)	
생크림(35%)	1,400g
서양배 리큐르	390g
서양배(통조림)	4통

C. 줄레 프랑부아즈

프랑부아즈 퓌레	600g
포도당	120g
30°B 시럽	120g
(설탕:물:물엿=5:5:1)	
살구 나파주	300g
젤라틴	12g

A. 비스퀴 퀴이예르

1. 80%로 휘핑한 흰자에 설탕을 넣고 머랭을 만든다.

2. 냉장고에서 차게 식혀둔 노른자를 1의 머랭에 섞은 다음 함께 체 친 박력분, 콘스타치, 베이킹 파우더를 섞는다.

3. 반죽을 돔모양으로 짜는 것과 철판에 펴는 것 2종류로 나누고, 짜서 굽는 반죽은 230/200℃, 펴서 굽는 반죽은 240/220℃ 오븐에서 굽는다.

B. 무스 푸아르

1. 레몬즙을 섞은 차가운 상태의 서양배 퓌레를 물에 불려서 녹인 젤라틴에 조금씩 넣으면서 섞는다.
   굳어지려고 하면 약간씩 볼을 데우면서 섞는다.

2. 1에 서양배 리큐르와 깍두기 모양으로 자른 서양배를 섞는다.

3. 단단한 듯하게 휘핑한 생크림과 이탈리안 머랭을 섞는다.

4. 3에 2의 반죽을 넣어 거품기로 가볍게 섞어준다.

C. 줄레 프랑부아즈

1. 프랑부아즈 퓌레, 포도당, 30°B 시럽, 살구 나파주를 끓인다.

2. 물에 불린 젤라틴을 1에 넣어 녹이고 식힌다.

Tips

30°B 시럽에 물엿을 섞는 것은 설탕의 재결정을 방지하기 위해서이다.

✳ 이탈리안 머랭 (흰자 : 설탕 = 1 : 2)

1. 냄비에 설탕과 설탕이 잠길 정도의 물을 넣고 121℃까지 시럽을 끓인다.
2. 흰자에 거품을 조금 낸 다음 시럽을 한꺼번에 넣어 단단한 이탈리안 머랭을 만든다.

D. 나파주 루주	
프랑부아즈 퓌레	500g
물	2,500g
설탕	600g
물엿	400g
펙틴(젤리 믹스)	150g
구연산	5g

D. 나파주 루주

1. 프랑부아즈 퓌레, 물, 물엿을 냄비에 넣고 데운다.

2. 미지근하게 데워지면 잘 섞어둔 설탕과 펙틴, 구연산을 1에 넣어 끓인다.

Tips

설탕과 펙틴을 잘 섞어두지 않으면 나중에 덩어리지기 쉽다. 또한 퓌레가 너무 뜨거울 때 펙틴을 넣어도 쉽게 덩어리진다.

젤리 믹스는 묽은 상태의 나파주 등을 만들고자 할 때 많이 사용되는 펙틴의 한 종류이다.

마무리

1. 돔형의 플렉시팬에 B(무스 푸아르)를 1/2정도 짜고 A(돔모양으로 구운 비스퀴 퀴이예르)를 넣어 살짝 눌러준다.

2. C(줄레 프랑부아즈)를 비스퀴 퀴이예르 위에 적당히 짠 다음 A(펴서 구운 비스퀴 퀴이예르)를 덮어 냉동실에서 굳힌다.

3. 완전히 굳으면 미지근하게 데운 D(나파주 루주)에 담가 나파주를 씌운 다음 마무리한다.

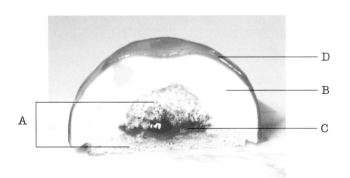

트리아농 Trianon

트리아농 Trianon

| 6cm 정사각형 피라미드틀 120개분 |

A. 타르트 쇼콜라

버터	500g
설탕	400g
소금	8g
계란	240g
중력분	800g
코코아 파우더	200g
베이킹 파우더	6g

B. 비스퀴 퀴이예르

노른자	900g
박력분	800g
콘스타치	100g
베이킹 파우더	30g
흰자	1,400g
설탕	1,000g

C. 무스 시트론

레몬즙	1,150g
레몬 제스트	5개분
버터	160g
노른자	1,280g
설탕A	530g
줄레 데세르	260g
바닐라빈	2개
흰자	320g
설탕B	640g
생크림(35%)	2,400g

A. 타르트 쇼콜라

1. 포마드 상태의 버터에 설탕, 소금을 섞고 계란을 조금씩 넣으면서 휘핑한다.

2. 함께 체 친 중력분, 코코아 파우더, 베이킹 파우더를 섞고 냉장고에서 휴지시킨다.

B. 비스퀴 퀴이예르

1. 80%로 휘핑한 흰자에 설탕을 넣고 머랭을 만든다.

2. 냉장고에서 차게 식혀둔 노른자를 1의 머랭에 섞은 다음 함께 체 친 박력분, 콘스타치, 베이킹 파우더를 섞는다.

3. 반죽을 돔모양으로 짜고 240/200℃ 오븐에서 굽는다.

Tips

노른자를 차게 식히는 이유는 공기의 함유량을 줄여 고운 입자의 촉촉한 반죽을 만들기 위해서이다.

C. 무스 시트론

1. 레몬즙, 레몬 제스트, 버터를 데운다.

2. 노른자에 설탕A와 줄레 데세르, 바닐라빈 훑은 것을 넣어 섞는다.

3. 1을 2에 넣어 다시 불에 올려 끓인 다음 바 믹서(bar mixer)로 매끄럽게 한다.

4. 크림을 28℃까지 식힌다. 온도계를 사용하는 것이 보다 정확하게 측정할 수 있다.

5. 흰자와 설탕B로 이탈리안 머랭을 만들고 휘핑한 생크림과 섞는다.

6. 5에 4를 넣고 거품기로 가볍게 섞는다.

Tips

줄레 데세르는 무스용 응고제로 물에 불리지 않고 사용할 수 있기 때문에 작업성이 뛰어나다.
만약 젤라틴으로 대체한다면 줄레 데세르의 1/5정도의 양을 사용해주면 된다.

D. 루발브

루발브	1,700g
설탕	850g
펙틴(잼 베이스)	55g

D. 루발브

1. 설탕과 펙틴을 섞어 루발브에 넣고 불에 올려 졸인다.

2. 속까지 완전히 부드러워지면 카트르에 평평하게 펴서 굳힌다.

Tips

루발브는 머위와 비슷한 식물로 신맛이 강하게 난다. 프랑스에서는 잼, 콩포트 등에 많이 이용된다.

잼 베이스는 잼과 같이 단단하게 졸여지는 것이 필요한 경우 사용되는 펙틴의 한 종류이다.

마무리

1. A(타르트 쇼콜라)는 2mm로 밀어서 6cm 정사각형 틀에 깐 다음 180℃ 오븐에서 미리 구워둔다.

2. 식힌 A(타르트 쇼콜라)에 C(무스 시트론)를 짜고 사각형으로 자른 D(루발브)를 넣는다.

3. 피라미드틀에 C(무스 시트론)를 짜고 돔모양으로 짜서 구운 B(비스퀴 퀴이예르)를 넣는다.

4. 2에 3을 올려서 굳히고 둘레에 로스트한 아몬드 슬라이스를 묻혀 마무리한다.

Tips

피라미드틀에 짠 반죽을 뒤집어서 타르트 쇼콜라 위에 올리기 때문에 무스 시트론의 되기에 주의해야 한다.
반죽이 너무 묽으면 전부 흘러내려 버린다.

파라디 Paradie

파라디 Paradie

❘ 직경 6cm 원형 세르클 120개분 ❘

A. 비스퀴 조콩드(9장분)

T.P.T	2,300g
박력분	325g
계란	1,500g
버터	250g
흰자	1,200g
토핑용 재료(코코넛 파인, 버터, 설탕 적당량)	

B. 다쿠아즈 코코

흰자	400g
설탕	140g
아몬드 파우더	170g
코코넛 파인	170g
슈거 파우더	340g

C. 칵테일 무스

패션프루츠 퓌레	125g
파바나 퓌레	822g
레몬즙	108g
젤라틴	57g
생크림(35%)	916g
이탈리안 머랭	1,140g
(설탕 760g, 흰자 380g)	

D. 콩피튀르

프랑부아즈(통째, 라즈베리)	500g
카시스(통째, 블랙커런트)	170g
뮤르(통째, 블랙베리)	170g
그로제유(통째, 레드커런트)	170g
설탕	210g
펙틴(잼 베이스)	8g

A. 비스퀴 조콩드(9장분)

1. 섞어둔 T.P.T와 박력분에 계란을 조금씩 넣으면서 휘핑한다.

2. 체온 정도로 녹인 버터를 섞은 다음 100%로 휘핑한 흰자를 섞는다.

3. 철판에 반죽을 펴고 260/240℃ 오븐에서 5~6분간 굽는다.

Tips

비스퀴 조콩드를 고온에서 단시간에 구워내면 수분증발이 적어 촉촉한 시트가 된다.

B. 다쿠아즈 코코

1. 흰자와 설탕으로 만든 머랭에 함께 체 친 아몬드 파우더, 코코넛 파인, 슈거 파우더를 넣어 섞는다.

2. 실패트 위에 3cm 크기로 둥글게 짜고 180/200℃ 오븐에서 굽는다.

C. 칵테일 무스

1. 패션프루츠 퓌레, 파바나 퓌레, 레몬즙을 섞는다.

2. 물에 불린 젤라틴을 녹인 다음 1을 조금씩 부으면서 섞어준다.

3. 이탈리안 머랭과 휘핑한 생크림을 섞는다.

4. 3에 걸쭉하게 된 2의 퓌레를 넣고 가볍게 섞는다.

Tips

파바나 퓌레는 패션프루츠, 망고, 바나나, 레몬즙이 섞여있는 퓌레이다.

D. 콩피튀르

1. 설탕과 펙틴은 잘 섞어둔다.

2. 나머지 재료를 냄비에 넣고 1을 섞은 다음 끓여서 식힌다.

Tips

모양이 남아있을 정도로 졸여준다. 지나치게 섞지 말 것.

E. 장식용 재료

크렘 샹티이(설탕을 섞은 생크림) 약 600g

피스톨레(스위트 초콜릿:카카오 버터=2:1)

마무리

1. A(비스퀴 조콩드) 표면에 녹인 버터를 바르고 설탕과 잘게 썬 코코넛 파인을 뿌린 다음 인두로 태운다.

2. 2.8cm 너비로 자른 띠모양의 A(비스퀴 조콩드)를 세르클에 두르고 B (다쿠아즈 코코)를 깐다.

3. C(칵테일 무스)를 1/2정도 짠 다음 D(콩피튀르)를 스푼으로 적당량 떠서 넣는다.

4. 콩피튀르 위에 다시 B(다쿠아즈 코코)를 올리고 C(칵테일 무스)를 틀 가득 채운다.

5. 표면을 평평하게 고른 다음 E(크렘 샹티이)를 둥글게 짜서 굳힌다.

6. 녹인 초콜릿과 카카오 버터로 표면에 피스톨레하고 틀에서 빼내 마무리한다.

타르트 하와이안 Tarte Hawaïan

Special items

타르트 하와이안 Tarte Hawaïan

┃ 직경 8cm 타르트틀 50개분 ┃

B. 크렘 다망드 코코

크렘 다망드	1,666g
코코넛 머랭(크림)	334g

C. 장식용 재료

파인애플	3개
그리에드 카카오	적당량

(카카오빈을 볶아 부순 것)

A. 타르트 쇼콜라

※ 252 페이지 참조

B. 크렘 다망드 코코

1. 크렘 다망드와 곱게 갈아둔 코코넛 머랭을 섞는다.

C. 장식용 재료

1. 파인애플 껍질을 벗겨 50장은 슬라이스하고 나머지는 잘게 썰어서 소량의 버터로 볶는다.
2. 슬라이스는 실패트 위에 올려 녹인 버터를 바르고 설탕을 뿌려서 오븐에서 굽는다.

❋ 크렘 다망드(아몬드 크림)		
계란	750g	1. 모든 재료를 잘 섞어준다. 크렘 두블은 생크림을 발효시켜 1/2로 농축시
설탕	750g	킨것. 일반적으로 사용하는 아몬드 크림을 사용해도 된다.
아몬드 파우더	1,000g	
중력분	100g	
크렘 두블	1,000g	

❋ 코코넛 머랭		
흰자	900g	1. 잘 섞은 건조 흰자와 설탕을 흰자에 넣고 60℃까지 데운 다음 스위스
설탕	900g	머랭을 만든다.
건조 흰자	37.5g	2. 코코넛 파인과 슈거 파우더를 섞어 둥글게 짜고 115/0℃ 오븐에서 90분,
코코넛 파인	450g	오븐을 완전히 끈 상태에서 반나절 정도 굽는다.
슈거 파우더	825g	

마무리

1. 타르트틀에 A(타르트 쇼콜라)를 2mm로 밀어 깐다.

2. B(크렘 다망드 코코)를 조금 짠 다음 그리에드 카카오를 뿌린다.

3. 다시 B(크렘 다망드 코코)를 2/3정도까지 채우고 그리에드 카카오를 적당량 뿌린 다음 볶아둔 파인애플을 올린다.

4. 180℃ 오븐에서 약 50분간 굽는다.

5. 구워져 나온 타르트 위에 오븐에서 구워둔 슬라이스 파인애플을 올려 장식한다.

B —————— C

A

타르트 시트론 Tarte citron

타르트 시트론 Tarte citron

| 직경 8cm 타르트틀 사용 |

B. 비스퀴 상파린

흰자	240g
설탕	250g
노른자	160g
코코아 파우더	70g

D. 장식용 재료

| 프랑부아즈(통째) | 적당량 |

A. 타르트 쇼콜라

※ 252 페이지 참조

B. 비스퀴 상파린

1. 흰자와 설탕으로 머랭을 만든다.

2. 노른자를 섞은 다음 코코아 파우더를 가볍게 섞는다.

3. 둥글게 짜서 160/160℃ 오븐에서 15~16분간 굽는다.

C. 크렘 시트론

※ 246 페이지 참조

마무리

1. 타르트틀에 A(타르트 쇼콜라)를 2mm로 밀어 깐 다음 180℃ 오븐에서
   미리 구워둔다.

2. 구워둔 타르트 쇼콜라에 C(크렘 시트론)를 짜고 적당한 크기로 부순
   D(프랑부아즈)를 넣는다.

3. B(비스퀴 상파린)를 올린 다음 다시 C(크렘 시트론)를 틀 가득 채운다.

4. 표면에 나파주를 바르고 장식해서 마무리한다.

【 기 본 반 죽 】

파트 아 슈 Pâte à choux

슈 반죽으로 크렘 파티시에르를 넣은 슈 아 라 크
렘과 에클레어, 파리 브레스트 등에 이용된다.

재　료

물	250g
우유	250g
버터	200g
소금	7.5g
설탕	15g
중력분	300g
계란	500g

1. 물, 우유, 버터, 소금, 설탕을 냄비에 넣고 끓인다.[1]

2. 체 친 중력분을 한꺼번에 넣고 섞은 다음
   다시 가열하면서 여분의 수분을 증발시킨다.

3. 불에서 내린 반죽을 믹서 볼에 옮겨 담고
   비터로 잠시 돌려 온도를 낮춘다.[2]

4. 계란의 절반을 넣고 중속으로 돌린다. 도중에 분리될 기미가 보이면
   고속으로 돌려준다.[3]

5. 나머지 계란은 조금씩 넣어주면서 중속으로 믹싱한다.
   가장 적당한 반죽 상태는 주걱으로 떠보았을 때 천천히 떨어지는 정도.

6. 쇼트닝을 얇게 바른 철판 위에 용도에 맞게 적당한 모양으로 짠다.

7. 표면에 계란 물칠을 하고 냉동시킨다.[4]

8. 180/200℃ 오븐에서 30~40분간(표면의 균열부분에 색이 날 때까지)
   굽는다. 오븐의 공기구멍은 열어둔다.[5]

Tips

[1] 우유를 넣는 이유는 진한 색깔과 풍부한 맛의 단단한 슈를 만들기 위해서이다.
따라서 물과 우유의 비율은 원하는 슈의 상태에 따라 조절 가능하다.

[2] 뜨거운 상태에서 바로 계란을 넣게 되면 익어버릴 염려가 있다.

[3] 계란양(500g)은 반죽상태에 따라 다소 차이가 난다.

[4] 철판에 짠 반죽을 냉동시키면 구웠을 때 옆으로 퍼지지 않고 위로 잘 부푼다.

[5] 오븐 안에 증기가 모이게 되면 슈가 옆으로 퍼지기 쉽기 때문에 공기구멍을 열고 굽는다.

❋ 슈에 관한 상식
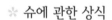

슈('양배추'라는 뜻)는 이름 그대로 동그랗
게 부풀어 올라 울퉁불퉁한 균열이 들어간
것이 특징. 이렇게 반죽이 동그랗게 부푸는
것은 파트 아 슈(슈 반죽)를 굽는 과정에서
반죽 속의 수분이 증발하면서 밖으로 반죽
을 밀어내기 때문이다.
모양 좋은 슈를 구워내기 위해서는 계란을
천천히 넣으면서 충분히 반죽해 주는 것이
포인트. 주걱으로 떠보았을 때 천천히 떨어
지는 상태가 가장 적당하다.

별립법으로 만드는 입자가 곱고 탄력있는 비스퀴.
여기서는 철판에 펴서 굽는 것과 모양깍지로 짜서
굽는 것, 두가지 형태로 나누어 작업한다.

※ 철판은 40×60㎝의 프랑스 철판 사용.

재	료
노른자	900g
박력분	800g
콘스타치	100g
베이킹 파우더	30g
흰자	1,400g
설탕	1,000g

1. 노른자는 따로 볼에 담아 냉장고에 넣어 식힌다.[*1]

2. 믹서볼에 흰자를 넣고 80%까지 휘핑한다.

3. 거품낸 흰자에 설탕을 한번에 넣고 다시 휘핑해서 튼튼한 머랭을 만든다.

4. 차게 식힌 노른자를 풀어 3의 머랭에 넣고 섞는다.

5. 함께 체 친 박력분, 콘스타치, 베이킹 파우더를 4에 넣고
   전체가 매끈한 상태가 될 때까지 잘 섞는다.[*2]

6. 철판 1장당 520g의 반죽을 부어 슈거 파우더를 뿌리고 굽는다.
   반죽을 펴서 굽는 경우는 240/220℃, 모양깍지로 짜서 굽는 경우는
   240/200℃ 오븐에서 5~6분 정도를 기준으로 구워준다.

Tips

[*1] 노른자를 식혀두는 이유는 공기의 함유를 줄여서 입자가 고운 반죽을 만들기 위해서이다.

[*2] 입자가 고운 비스퀴를 만들기 위해서는 가루류를 넣고 잘 섞어주는 것이 중요한 포인트가
    된다. 그러나 굽는 형태에 따라 섞어주는 정도도 틀려지는데 모양깍지로 짜서 굽는 경우에
    는 짠 모양을 살려주어야 하므로 너무 섞지 않도록 주의한다.

비스퀴 퀴이예르 쇼콜라 Biscuit cuillère chocolat

비스퀴 퀴이예르의 콘스타치를 코코아 파우더로 바
꾸어 작업한다.

재	료
노른자	900g
박력분	800g
코코아파우더	100g
베이킹 파우더	30g
흰자	1,400g
설탕	1,000g

1. 튼튼하게 휘핑한 머랭에 노른자를 섞는다. (※ 비스퀴 퀴이예르 참조)

2. 함께 체 친 박력분, 코코아 파우더, 베이킹 파우더를 넣고 윤기가 날 때 까지
   손으로 잘 섞는다.

3. 철판에 펴 굽는다.

다쿠아즈 Dacquoise

재 료	
T.P.T	750g
(탕 푸르 탕, 아몬드 파우더와 슈거 파우더를 1:1로 섞은 것)	
흰자	450g
설탕	150g
건조 흰자	15g
(Poudre de blanc)	

1. 설탕과 건조 흰자를 잘 섞어둔다.[*1]

2. 믹서볼에 흰자를 넣고 80%까지 휘핑한다.

3. 1의 설탕과 건조 흰자를 한번에 넣고 튼튼한 머랭을 만든다.

4. T.P.T을 넣어 손으로 섞고 철판에 평평하게 편다.

5. 표면에 슈거 파우더를 듬뿍 뿌린다

6. 270/0℃ 오븐에서 2분간 구워 모양을 굳힌 뒤 180/180℃ 오븐에서 8~10분간 굽는다.

※다쿠아즈 틀을 이용할 경우

1. 실패트 위에 다쿠아즈 틀을 올리고 반죽을 짠다.

2. 표면을 평평하게 고른 다음 틀의 양옆에서부터 틀을 천천히 들어올린다.

3. 슈거 파우더를 듬뿍 뿌려 굽는다.

Tips

[*1] 건조 흰자를 설탕과 잘 섞어두지 않으면 덩어리가 생기기 쉽다.

다쿠아즈 쇼콜라 Dacquoise chocolat

재 료	
중력분	150g
코코아 파우더	25g
T.P.T	1,000g
(아몬드 파우더는 껍질 포함)	
흰자	1,500g
설탕	375g

1. 믹서볼에 흰자를 넣고 80%까지 휘핑한다.

2. 설탕을 한번에 넣고 튼튼한 머랭을 만든다.

3. 섞어둔 중력분, 코코아 파우더, T.P.T을 넣고 손으로 섞는다.

4. 철판에 실패트를 깔고 장 당 750g의 반죽을 편 다음 표면에 슈거 파우더를 듬뿍 뿌린다.

5. 180/260℃ 오븐에서 공기구멍을 열고 약 17분간 굽는다.

비스퀴 조콩드 Biscuit joconde

재 료	
T.P.T	2,300g
박력분	325g
계란	1,500g
버터	250g
흰자	1,000g

※ 튼튼한 머랭 만드는 방법
(T.P.T의 설탕을 일부 덜어 흰자와 휘핑)

T.P.T	2,200g
(아몬드 파우더 1,150g+슈거 파우더 1,050g)	
박력분	325g
계란	1,500g
버터	250g
흰자	1,000g) 머랭
설탕	100g

1. 믹서 볼에 T.P.T과 박력분을 넣고 골고루 섞는다.

2. 계란양의 1/2을 넣고 비터로 섞는다.

3. 나머지 계란을 조금씩 넣어가며 반죽에 끈기가 생길 때까지 섞어준다.

4. 체온 정도로 녹인 버터를 넣고 손으로 섞는다.

5. 흰자를 튼튼하게 휘핑한 머랭을 넣어 손으로 섞어준다.

6. 철판에 파트 아 시가렛(※ 244 페이지 참조)으로 모양낸 실패트를 깔고 반죽을 600g씩 평평하게 펴서 260/240℃ 오븐에 5~6분간 굽는다.

비스퀴 조콩드 쇼콜라 Biscuit joconde chocolat

재 료	
T.P.T	2,300g
박력분	325g
계란	1,500g
버터	250g
코코아 파우더	270g
흰자	1,000g

1. 믹서 볼에 T.P.T과 박력분을 넣고 골고루 섞는다.

2. 계란양의 1/2을 넣고 비터로 섞는다.

3. 나머지 계란을 조금씩 넣어가며 반죽에 끈기가 생길 때까지 비터로 섞어준다.

4. 코코아 파우더를 섞은 체온정도의 녹인 버터를 3에 넣고 섞는다.

5. 튼튼하게 휘핑한 머랭을 넣어 손으로 섞는다.

6. 실패트를 깐 철판에 반죽을 630g씩 평평하게 펴고 260/240℃ 오븐에서 5~6분간 굽는다.

 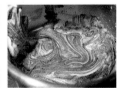 

파트 아 시가렛 Pâte à cigarette

식용 색소 등을 넣어 비스퀴 조콩드의 무늬를 그릴 때 사용된다.

재 료	
버터	1,000g
흰자	1,000g
설탕	1,000g
중력분	1,000g

1. 포마드 상태의 버터에 설탕을 넣고 잘 섞는다.
2. 실온 상태의 흰자를 2~3번에 나누어 섞고 체 친 중력분을 섞는다.
3. 식용 색소를 이용해서 원하는 색을 만든다.

파트 아 시가렛 쇼콜라 Pâte à cigarrete chocolat

초콜릿색 반죽으로 나무 무늬 조콩드에 많이 사용된다.

재 료	
버터	1,000g
흰자	1,200g
설탕	1,000g
중력분	700g
코코아 파우더	300g

1. 포마드 상태의 버터에 설탕, 흰자를 2~3번에 걸쳐 나누어 섞는다.
2. 함께 체 친 중력분, 코코아 파우더를 섞는다.

➡ 1. 실패트(실리콘 페이퍼)에 쇼트닝 등의 기름을 손으로 얇게 펴바른 다음 원하는 색깔의 파트 아 시가렛(or 파트 아 시가렛 쇼콜라)를 팔레트 나이프로 얇게 편다.

2. 페뉴 or 손가락 등으로 다양한 모양을 낸 다음 잠시 냉동시킨다.

3. 모양이 굳으면 그 위에 비스퀴 조콩드 반죽을 얇게 펴서 굽는다.

〈사선 무늬〉 〈물결 무늬〉

〈손가락 무늬〉 〈나무 무늬〉

제누아즈 Génoise

직경 18cm 원형틀 12개분

재 료	
계란	2,000g
설탕	1,120g
물엿	280g
박력분	1,400g
버터	200g

1. 믹서볼에 계란을 넣어 잘 풀어준 후 설탕, 물엿을 넣고 거품기로
   저어주면서 50℃까지 데운다.

2. 고속으로 믹싱해 완전히 휘핑한 다음 중속에서 1분 정도 믹싱한다.[1]

3. 반죽을 약간 덜어 50℃까지 데운 버터와 섞는다.

4. 박력분을 나머지 반죽에 조금씩 넣으면서 손으로 잘 섞는다.
   반죽을 떠보았을 때 떨어지는 모양이 리본상태가 되면 그만 섞는다.[2]

5. 녹인 버터를 가볍게 섞어준다.

6. 준비된 틀에 채우고 150℃에서 35분간 굽는다.

7. 어느정도 식으면 뚜껑이 있는 용기에 넣어 완전히 식힌 다음
   냉동 혹은 냉장보관한다.[3]

Tips

[1] 1분 정도 중속으로 믹싱하는 이유는 반죽안의 큰 기포를 촘촘하게 만들기 위해서이다.
그러나 지나치게 믹싱하면 박력분이 잘 섞이지 않는 요인이 된다.

[2] 박력분을 넣어 리본상태가 될 때까지 섞는 것이 매우 중요하다.

[3] 구운 다음 실온에 그냥 방치하면 수분이 증발해서 퍼석퍼석한 제누아즈가 된다.

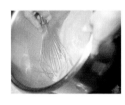  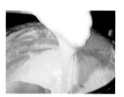

파트 쉬크레 Pâte sucrée

재 료	
버터	450g
쇼트닝	450g
슈거파우더	500g
계란	250g
박력분	1,500g
베이킹 파우더	5g

1. 믹서 볼에 버터, 쇼트닝, 슈거파우더를 넣고 비터로 섞어 부드럽게 만든다.

2. 계란을 조금씩 나누어 넣으면서 비터로 계속 휘핑한다.

3. 함께 체 친 박력분, 베이킹 파우더를 넣어 섞는다.

4. 반죽을 랩으로 싸서 휴지시킨다.

파트 사블레 Pâte sablé

재 료	
버터	1,500g
슈거 파우더	500g
계란	300g
박력분	1,000g
아몬드 파우더	300g

1. 믹서 볼에 버터, 설탕을 넣고 비터로 섞어 부드럽게 만든다.

2. 계란을 조금씩 나누어 넣으면서 비터로 계속 휘핑한다.

3. 함께 체 친 중력분, 아몬드 파우더를 넣어 섞는다.

4. 냉장고에서 휴지시킨다.

파트 쇼콜라 Pâte chocolat

재 료	
버터	500g
설탕	400g
소금	8g
계란	240g
중력분	800g
코코아 파우더	200g
베이킹 파우더	6g

1. 믹서 볼에 버터, 설탕, 소금을 넣고 비터로 섞어 부드럽게 만든다.

2. 계란을 조금씩 나누어 넣으면서 비터로 계속 휘핑한다.

3. 함께 체 친 중력분, 코코아 파우더, 베이킹 파우더를 넣어 섞는다.

4. 반죽을 휴지시킨다.

파트 푀이테 Pâte feuilletée

접기형 파이 반죽으로 푀이타주라고도 한다.

재 료	
버터(발효버터)	900g
중력분	1,000g
소금	10g
물	500g

1. 믹서 볼에 주사위 모양으로 자른 버터, 중력분, 소금을 넣고 훅으로 섞는다.

2. 물을 넣어 한 덩어리로 뭉쳐준다.

3. 냉장고에서 30분 정도 휴지시킨다.

4. 3절 2회를 접고 6mm로 민 다음 냉장고에서 30분간 휴지시킨다.[1]

5. 다시 3절 2회를 접고 냉장고에서 30분간 휴지시킨다.[2]

6. 마지막으로 3절 2회를 접은 다음 3mm로 밀어 냉장휴지시킨다.

Tips

[1, 2] 냉장고에서 휴지를 지나치게 오래시키면 반죽 안의 버터가 딱딱하게 굳어져버려 반죽을 늘리기 어려워지므로 30분 이상 시키지 말 것(단, 3의 반죽은 오래 휴지시켜도 된다).

【 기본 재료들의 기본 배합 】

크림 샹티이 Crème chantilly

설탕을 넣어 휘핑한 생크림

재 료

생크림 : 식물성 크림 = 2 : 1
※ 생크림(42%), 식물성 크림(유지방 28%, 식물성유지 18%,
무지유고형분 4%)

슈거 파우더   전체 크림의 7.8%

1. 믹서기에 재료를 모두 넣고 적당한 되기로 휘핑한다.

크림 파티시에르 Crème pâtissière

커스터드 크림

재 료

우유	1,000g
버터	50g
박력분	90g
노른자	8개분
설탕	250g

※ 빠른 시간에 가능한 크림 파티시에르 만드는 법

1. 볼에 노른자를 풀어준 후 설탕을 덩어리가 생기지 않게 잘 섞는다.

2. 1에 박력분을 섞고 우유를 20% 섞는다.*1

3. 나머지 우유와 버터를 냄비에 넣고 끓인다.

4. 2를 3의 냄비에 천천히 부어주면서 거품기로 잘 저어준다.
   이 단계에서 잘 저어주지 않으면 덩어리가 생기게 된다.

5. 거품기로 저어가며 크림을 강한불에서 끓이다가 크림의 끈기가 없어지는
   상태가 되면 불에서 내린다.*2

6. 끓인 크림을 밑면이 넓은 볼에 담고 랩을 밀착시켜 씌운 다음
   얼음물에서 재빨리 냉각시킨다.

Tips

*1 1 우유의 20%를 노른자에 넣는 이유는 노른자를 뜨거운 우유에 넣었을 때 노른자가
   익는 것을 방지하기 위해서이다.
   따라서 노른자와 설탕은 거품을 내는 것이 아닌, 섞이는 정도로만 저으면 된다.

*2 크림 파티시에르는 완전히 가열하지 않으면 위생상 위험하다.
   끓이다 보면 어느 순간 끈기가 없어지면서 풀어지는데 이 상태까지 끓여주면 매끈한
   크림이 된다.

30°B 시럽 Sirop à 30°B

재 료

물	2,000g
설탕	2,000g
물엿	400g

1. 모든 재료를 한꺼번에 냄비에 넣고 끓인다.
   많은 양을 만들어 냉장보관 해두면 필요할 때 꺼내쓰기 편리하다.

글라사주 쇼콜라 Glaçage au chocolat

재 료	
물	1,160g
설탕	1,440g
코코아 파우더	480g
생크림(35%)	960g
젤라틴	100g

1. 냄비에 물, 설탕, 코코아 파우더, 생크림을 넣고 강한 불에서 끓인다. 바닥에 눈지 않도록 주의하면서 당도 64% brix가 될 때까지 계속 거품기로 저으면서 끓인다.

2. 물에 불린 젤라틴을 넣어 녹인다.

럼 레이즌 Raisins au rhum

끓는 물에 레이즌(건포도)을 넣고 한번 끓어오르면 건져서 물기를 빼준다. 식은 후에 병에 담고 럼을 부어 최소 1달이 지난 후에 사용한다. 오래 담가두면 더욱 맛이 좋아진다.

크렘 다망드 Crème d'amandes

아몬드 크림

재 료	
계란	750g
설탕	750g
아몬드 파우더	1,000g
중력분	100g
크렘 드불	1,000g

1. 볼에 계란을 넣어 풀고 설탕, 아몬드 파우더, 체 친 중력분, 크렘 드불의 순서로 넣어 섞는다.

글라스용 앙글레즈 Crème anglaise

재 료	
우유	1,000g
설탕	250g
바닐라빈	1개
버터	90g
노른자	150g
안정제	7g

1. 볼에 노른자, 설탕, 안정제를 넣어 섞은 후 우유의 20%를 섞는다.
2. 냄비에 나머지 우유, 버터, 바닐라빈을 넣어 끓인다.
3. 1의 노른자를 2에 거품기로 잘 섞으면서 조금씩 넣어준다.
4. 다시 강한 불에서 거품기로 섞으면서 84℃까지 데운 다음 불에서 내린다.
5. 바닐라빈 깍지를 건져낸다.

이탈리안 머랭 Meringue italienne

뜨거운 시럽에 흰자가 살균되어 무스종류에 주로 쓰이는 머랭이다.

재 료

설탕 : 흰자 = 2 : 1

1. 냄비에 설탕양의 1/3보다 약간 적은 물과 설탕을 넣고 121℃까지 끓인다.[*1]

2. 흰자는 믹서볼에 넣고 거품기로 하얗게 될 때까지 살짝 섞어둔다.[*2]

3. 121℃까지 끓인 시럽을 2의 흰자에 고속으로 휘핑하면서 빨리 붓는다.

4. 시럽을 다 넣었으면 중속으로 내린 다음 피부온도가 될 때까지 계속 휘핑한다.[*3]

5. 다시 믹서를 고속으로 올려 튼튼한 이탈리안 머랭을 만든다.[*4]

Tips

[*1] 시럽을 만드는 물의 양은 시럽에 설탕 알갱이가 남지 않을 만큼의 최소한의 양이다.

[*2] 흰자의 거품을 너무 많이 내면 공기가 많이 들어가게 되어 단단한 머랭을 만들기 어렵다. 또한 식는데도 시간이 걸린다. 그러나 반대로 너무 공기를 넣어주지 않았을 경우에는 시럽을 넣었을 때 흰자가 익어버릴 위험이 있다.

[*3] 믹서를 중속으로 내리는 것은 머랭을 빨리 피부온도로 식히기 위해서이다. 고속으로 계속 휘핑하면 공기가 많이 들어가게 되어 식는데 시간이 오래 걸린다.

[*4] 머랭이 완성된 후 믹서의 거품기를 너무 깨끗하게 훑어내지 않는 것이 좋다. 거품기에 익은 흰자가 붙어있을 수 있기 때문이다. 탁탁 털어주는 정도가 적당하다.

표면 장식용 오렌지 제스트, 라임 제스트 만드는 법 (※ 카라이브 참조)

1. 오렌지 껍질(or 라임 껍질)을 얇게 벗겨 아주 가늘게 채썬다.
2. 끓는 물에 10분 정도 데친다.
3. 물기를 제거한 다음 냄비에 30° B 시럽과 함께 당도 68~72% brix가 될 때까지 조린다.

건조 무화과 전처리법 (※ 프랑부아제 참조)

건조 무화과는 물:설탕 = 1:2의 시럽에 한번 끓여 담가두었다가 시럽을 빼고 사용한다.

기술과 함께 장인정신도 배울 수 있기를

김 영 모(사단법인 대한제과협회 회장)

2002년 1월 박철수 씨를 처음 만나는 순간 같은 기능인으로서의 친근감보다는 더 강한 무언가를 느낄 수 있었는데 한동안 이야기를 듣다보니 알게 되었다. 그것은 피를 나눈 동포애의 깊은 감정이었다. 박철수 씨는 한국의 제과인들을 위해서 그동안 프랑스에서 배우고, 스스로 연구하고 노력하여 쌓은 자신의 노하우를 아낌없이 전하고 싶단다. 자신의 작은 희망은 한국제과기술이 세계 속에 우뚝 서기를 바라는 간절한 마음이었다. 그러면서도 자신의 과자가 맛있는지, 한국에서도 환영받을 만한 과자인지 스스로 궁금해 하고 있었던 것 같다.

우리가 처음으로 그곳을 방문했던 날 저녁, '파티스리 박'의 과자 30여종을 시식하는 과정에서 그가 자신의 과자를 얼마나 사랑하는지 알 수 있었다.

과자 하나하나를 먹을 때마다 우리의 표정을 살피는 진지함에서, 일본에서도 알아주는 맛있는 과자이지만 조국에 선보이기 전에 남의 의견을 들으려는 겸손함에서, 그의 프로정신을 충분히 이해할 수 있었다.

나는 그 자리에서 박철수 씨의 고마운 뜻과 그와 같은 장인정신이 한국의 제과인들에게 잘 전달될 수 있도록 책 만드는 일을 돕기로 하고, 사진촬영을 위한 장소와 재료, 보조인력 등 힘 닿는데까지 협조하겠다고 약속했다.

그해 7월 박철수 씨는 자신의 업소를 제쳐두고 제품촬영을 위해 한국에 왔다. 아침 7시부터 밤 11시, 12시까지 하루도 쉬지 않고 일주일 동안 100여 가지 제품을 직접 만들고, 사진촬영을 위한 코디까지 신경써가며 일을 진행하는 그를 보고 그 성실성과 철저함에 또한번 놀라지 않을 수 없었다.

이제 1년 반이라는 기나긴 여정을 마치고 그의 숭고한 뜻과 정신이 담긴 저서가 출판된다니 반가운 일이다.

아무쪼록 이 책을 통해 한국의 제과인들이 그의 뛰어난 기술뿐만 아니라 장인으로서의 기본자세도 함께 배울 수 있게 되기를 기대하는 마음이다.

Congratulations!

나는 2001년 9월부터 2002년 3월까지 박철수 씨가 오너 쉐프로 있는 '파티스리 박'에서 연수생으로 있었다. 그리고 2002년 1월부터 이 책을 만들기 위해 4개월 정도 연수와는 별도로 책 만드는 작업을 같이 했다.

2001년 9월 떨리는 마음을 안고 이른 아침 '파티스리 박'으로 첫 출근을 했다. 그리 넓지 않은 주방은 바닥에서 천정에 이르기까지의 모든 공간이 세심하게 나뉘어져 수많은 물건들이 각각 자기자리를 차지하고 있었다. 그리고 '파티스리 박'에서 일어나는 모든 동작 하나하나에는 규칙이 있었으며 그 규칙에는 각기 합당한 이유가 있었다. 직원들은 이 규칙들을 '파크(일본에서는 박이라는 발음이 안되므로 파크라 불렀다) 스타일'이라 부르며 지켜나갔다. 극단적인 예를 하나들면 이곳의 모든 것엔 오염도 순위가 정해져 있어 같은 오염도를 가진 제품 혹은 도구끼리만 같은 장소에 놓을 수가 있다. 무스처럼 가열하지 않는 과자를 만들거나 꺼낼 때에는 작업대 소독이 반드시 따른다. 그의 이 세심하고 꼼꼼한 면이 처음엔 어처구니 없었지만 점점 그것이 합당하다는 것에 동의하지 않을 수 없었다. 나중에 물었었다.

"쉐프는 완벽주의자 입니까?"

그는 대답했다. "아니, 완벽주의자가 되려고 노력하지."

솔직히 그는 공장에서 정말 무서웠다. 그렇게 긴장의 연속이었던 공장에서의 일과가 끝나면 나는 쉐프와 함께 케이크와 커피를 앞에 두고 과자에 대해, 한국과 일본에 관한, 또 그밖의 개인적인 이야기를 했는데 사실 이 때 더욱 매서운 칼날이 내 가슴에 꽂힌다는 걸 알게 되었다.

"너 현장에서 일 못하겠다. 네 적성에 맞는 방향으로 다시 생각해봐라. 좀 더 야무지게 네 것을 똑바로 챙기면서 살아야 한다. 지나치게 성실하기만 해가지고 이런 치열한 경쟁의 제과업계에서 어떻게 살아남을래?"

이렇게 누구도 감히 지적해 주지 않는 나의 단점들을 날카롭게 지적해 주었다.

제과 학교를 졸업했을 때 상을 타게 되어 모처럼 칭찬 좀 들어보겠다고 말을 꺼냈다.

"쉐프, 저 졸업식 때..."

"들었다. 너 상탔다며?"

"예."

"상이란 거 사회에 나가면 아무 쓸모도 없는 거다."

"……"

그는 이런 사람이었다.

가족이 아닌 타인 중에 박철수 쉐프만큼 나를 야단치고 잔소리를 한 사람은 없었다. 그리고 또한 그만큼 나를 걱정해주면서 감동시킨 사람도 없었다.

어느 날 주방에서 일하고 있는 내 옆에 오더니 이렇게 말하는 것이었다.

"한국에다 책 낼까?" 처음엔 농담인줄 알았다.

"난 조국을 위해서 뭔가 하고 싶은데, 내가 할 수 있는 일은 지금 책을 쓰는 일밖에 없어. 5년, 10년 뒤라면 나의 기술이 전혀 도움이 될 수 없을 만큼 한국제과업계도 발전해 있을테니 내가 우리 한국 제과업계에 힘이 될 수 있는 건 바로 지금이야. 너무나 많은 한국 사람들이 과자를 배우러 일본에 오잖아. 나름대로 이유가 있겠지만 마치 일본사람이 한국의 불고기를 배우러 중국에 유학가는거나 마찬가지잖아. 난 일본 최고는 아니지만 나름대로 제대로 된 맛있는 유럽 과자를 만들고 있다는 자부심이 있어. 이런 말하면 우습겠지만 내 책을 보고 일본에 와야 하는 사람 10명 중 1명이라도 덜 오게 되면 좋겠어. 그리고 내 아들이 커서 한국에 갔을 때 아빠로 인해서 조금은 자랑스러워할 수 있었으면 좋겠고. 또 너도 이 책 번역해서 유명해져야지!"

이렇게 해서 이 책이 탄생하게 된 것이다.

완벽주의자가 되려고 노력하는 따뜻한 독설가 – 내가 존경하는 박철수 쉐프다.

정려각근(精勵恪勤)

박철수 씨는 '정려각근(精勵恪勤, 부지런히 일에 힘씀)'이다.

나와 박철수 씨는 1992년 파리의 상제르망이라는 제과점에서 당시 점장이었던 마에노 씨의 소개로 처음 만났다. 그 때 나는 동경제과학교에서 파견되어 파리 6구(6區)에 있는 파티스리 제럴 뮤로에서 연수를 하고 있었고 박철수 씨는 프랑스에 온지 얼마 되지 않았을 때였다. 나는 프랑스의 근로현황 등에 관한 이야기를 했고 첫 대면이었지만 같은 파티시에 동지로 과자에 관해, 식(食)에 관해 서로 많은 이야기를 나누었다.

나는 지금까지 12년 간 학교에서 젊은 파티시에를 꿈꾸는 병아리들을 키우고 있지만 파티시에로 오래 남는 이들은 그리 많지 않다. 10년 안에 약 70%가 다른 직업을 택한다. 그리고 프랑스까지 본고장 과자를 배우기 위해 오는 경우는 극히 드물다. 그만큼 과자에 대한 정열이 없으면 프랑스까지 오기란 쉽지 않다. 또 프랑스에 온 뒤에도 많은 시련이 기다리고 있다. 언어의 벽, 동양인에 대한 편견 등 예전에 경험해보지 못한 일들에 부딪히게 되고 그것을 이겨내지 못한 자는 떠나게 된다. 만약 이겨낸다 하더라도 급료가 나오지 않는 곳이 많아서 가지고 간 돈이 바닥이 나면 어쩔 수 없이 귀국을 선택하지 않을 수 없게 된다. 그러한 어려움을 이겨낸 이들은 서로를 격려하면서 같은 가치관을 가지게 된다. 나와 박철수 씨도 같은 눈높이로 '과자'에 대해 말할 수 있는 정열을 느끼고 있었다.

그 뒤 나는 파리에서 연수를 마치고 귀국을 했지만 박철수 씨의 정열은 식을 줄 몰랐다. 벨기에의 명과자점 '파티스리 담'에서 연수를 했고 노르망디 그리고 샹토네 지방의 따뜻함이 담긴 과자를 배우고 돌아왔다. 그 사이 우리의 우정은 몇 차례의 편지로 더욱 깊어졌다. 귀국 후 나는 동경제과학교에서 학생들에게 파리에서 배운 과자를 가르치는 것과 함께 자주 보내오는 박철수 씨의 엽서를 보여주면서 유럽과자에 대해 알려주곤 했다.

그리고 박철수 씨는 귀국 후 쉴 틈도 없이 타카쯔에 자신의 가게 '파티스리 박'을 오픈하게 된다. 그의 오픈은 나를 무척이나 기쁘게 했다. 미력하지만 오픈을 도왔다.

파티스리 박의 과자는 박철수 씨 나름대로의 센스가 빛나고 있었다. 섬세한 맛과 대담한 데커레이션. 이것이 바로 박철수 씨의 과자라고 생각했다. 나는 같은 시기에 프랑스에서 알게 된 동료들의 과자를 항상 먹어보고 싶어했다. 그들의 과자에 대한 열정을 후각으로, 시각으로, 미각으로 느끼고 싶었기 때문이다. 내가 곧 박철수 씨가 만들어 내는 과자의 팬이 되어 버린 것은 말할 필요도 없다. 내 마음속의 정열이 불타올랐다. 나도 질 수는 없다. 더 열심히 과자에 대한 공부를 해서 박철수 씨에게 버금가는 과자를 만들자.

과자라는 길은 끝이 없다. 끊임없이 공부해야만 한다. '좋아서 하는 일이 곧 숙달하는 길이다' 라는 말이 있다. 그 말 그대로이다. 나는 박철수라고 하는, 과자에 대해 대단한 정열을 가진 인물을 만난 것을 감사한다. 현재의 박철수 씨는 이전보다 더욱 더 빛나고 있다. 박철수 씨의 정열은 결코 식을 줄 모른다. 또한 함께 일하는 직원들에게도 애정을 아끼지 않는다. 힘든 일은 함께 고민한다. 멋진 오너 쉐프라고 언제나 생각한다. 동경제 과학교의 교가 1절에 '과자는 그 사람 그대로' 라는 소절이 있다. 나는 정말 그 말에 공감 한다. 아무리 겉모양이 좋아도 정열이 없는 과자는 맛있을 수 없다. 다소 완벽하지는 않 더라도 정열을 느낄 수 있는 과자는 존재감이 있으며 맛이 있다. 따스한 손길을 느낄 수 있고 가슴에 울린다. 마음 깊숙이 감동을 느낄 수 있다. 박철수 씨가 만들어내는 과자는 맛있다. 진심으로 그렇게 생각한다.

과자기술자에 있어서 필요한 것은 소재에 대한 지식과 주의 깊음, 그리고 감동할 수 있 는 마음을 가지는 것이라고 나는 생각한다. 소재에 대한 지식이 없으면 과자를 이해할 수 없다. 그리고 과자만들기에 있어서 보이지 않는 부분을 상상하는 능력, 온도 등을 정확히 측정해내는 주의 깊음, 아름다운 것을 보고 아름답다고 감동하고 그것을 만들어 내는 기 쁨을 알고 있어야 한다. 그 어느 것이라도 모자란 사람은 좋은 과자기술자로 커나갈 수 없다.

나도 박철수 씨도 40세를 넘어선 지금부터 인생의 중요한 시기를 맞이한다. '더 맛있 게' 를 추구하는 여행의 제 2장의 막을 여는 순간이다. 맛이라고 하는 것은 시대와 함께 움직인다. 지향은 변하는 것이다. 우리들 40대가 추구하는 만족스러운 맛과 50대의 그것 과는 차이가 있다. 20대, 30대와도 다르다. 많은 사람을 만족시키는 것이 프로이다. 자신 의 혀를 단련하는 하루하루로 진보해 나갈 것이다. '정려각근'. 매일매일을 힘껏 노력하 며 진실된 기술자를 목표삼아 우리들은 살아가고 싶다.

박철수 씨를 목표로 젊은 파티시에들이 박철수 씨의 가게를 두드리며 그 보금자리에서 커갈 것이다. 그리고 언젠가는 젊은이들이 우리들과 같이 프랑스의 어딘가에서 정열을 이야기할 수 있는 친구를 만나기를 염원한다.

인생은 만남이 전부이다. '유유상종' 이라고 하던가. 나는 박철수 씨와의 만남에서 마음 속깊이 우러나오는 기쁨을 느낀다.

'자, 친구여 즐거움은 이제부터다'

Congratulations!

Index

Index

박철수가 만드는 명품양과자

Noblesse de Pâtisserie

초판 발행	2003년 6월 16일
2판 4쇄	2014년 9월 1일
3판 1쇄	2016년 7월 15일
3판 2쇄	2019년 9월 20일
저자	박철수
발행인	장상원
발행처	(주)비앤씨월드
출판등록	1994. 1. 21. 제16-818호
주소	서울시 강남구 선릉로 132길 3-6 서원빌딩 3층
전화	(02)547-5233
Fax	(02)549-5235
번역	이가림
진행	김상애
디자인	윤영재
사진	김휴근
스타일링	김정원, 김경미
일러스트	김정원
인쇄	신화프린팅

가격	25,000원
ISBN	89-88274-29-3